室内设计实用教程　理想·宅 编

住宅空间设计

**Residential space
design**

中国电力出版社
CHINA ELECTRIC POWER PRESS

内容提要

本书共分为 10 个章节，内容包含了住宅空间规划与功能布局、各界面造型和材质的运用，家具的选配、色彩的设计、人体工学尺寸及软装配饰搭配。本书除了以设计理论为基础，同时结合大量的实景案例，图文并茂地讲解了不同住宅空间设计的实用技巧，帮助读者快速理解室内设计方法。

图书在版编目（CIP）数据

住宅空间设计 / 理想·宅编 . — 北京：中国电力
出版社，2020.4
室内设计实用教程
ISBN 978-7-5123-8464-4

Ⅰ. ①住…　Ⅱ. ①理…　Ⅲ. ①住宅—室内装饰设计—
教材　Ⅳ. ① TU241

中国版本图书馆 CIP 数据核字（2019）第 269944 号

出版发行：中国电力出版社
地　　址：北京市东城区北京站西街 19 号（邮政编码 100005）
网　　址：http://www.cepp.sgcc.com.cn
责任编辑：曹　巍（010-63412609）
责任校对：黄　蓓　李　楠
责任印制：杨晓东

印　　刷：北京博海升彩色印刷有限公司
版　　次：2020 年 4 月第一版
印　　次：2020 年 4 月北京第一次印刷
开　　本：710 毫米 ×1000 毫米　16 开本
印　　张：14
字　　数：285 千字
定　　价：78.00 元

前言

FOREWORD

　　住宅是人们赖以生存的基础，因此室内家居设计对于人们的生活至关重要，对住宅空间的了解和认识，是进行装修设计的基础。目前市面上有很多关于室内设计的书籍，但很少有专门把住宅空间的设计单独成书进行讲解的，大多数是与其他知识点融合在一起，这就导致很多初级或刚入行的设计师很难深入地学习这部分的知识。而现在市面上与住宅空间设计相关的书籍，基本上是外文引进书，虽然内容精细，但并不适用于我国的室内空间设计。因此需要一本详细的、易懂的、基础的深入讲解住宅空间设计的书籍。

　　本书系统设置与室内空间相关的十章内容，包含住宅空间设计基础，客厅设计，餐厅设计，卧室设计，书房设计，厨房设计，卫浴设计，玄关设计，楼梯、过道设计，阳台设计。深入浅出地讲解了室内空间格局、动线、家具、尺寸、软装、照明和配色，并引用大量的实景案例、平面彩图和立面尺寸图，旨在令读者更加清晰地理解空间设计的方法和技巧。

编　者

2020 年 3 月

目录

CONTENTS

第一章
住宅空间设计基础

　　住宅空间的设计并不仅仅是概念中的将房子装修好，还涉及到住宅风格、空间动线、空间色彩、住宅照明、软装搭配等多方面知识领域，只有将住宅设计的各个基础分支融会贯通，才能为住宅设计打下基础。

第一节
设计概述

一、住宅空间设计定义

住宅空间设计看似寻常，但又因为针对不同类型的家庭，以及各个家庭在不同时期的不同需求，有着千变万化的空间布局与装饰风格。

① 住宅空间设计的基本定义

目前的住宅空间设计，是在当前建筑设计的基础上，根据每个家庭的具体诉求，对原始的毛坯房或二手房，进行详细而深入的二次设计，进一步完善与日常生活有关的功能空间，同时根据每个家庭的文化品位、性格特征与喜好，设计出符合其需要的空间，赋予居住者愉悦的，便于生活、工作、学习的理想居住环境。

▲住宅空间承载着人们起居、用餐、休息、家庭娱乐与活动等日常生活功能，与人们密切相关

② 住宅空间设计的意义

根据马斯洛对人的需求分层理论，人的日常生活需求可分为基本需求和扩展需求。其中基本需求是指：睡眠、饮食、个人清洁等，因此当住宅空间较小时，只能满足基本的生

活需求，住宅空间只能有基本功能，例如卧室、厨房、卫浴间，也仅仅能满足人们最基本的生活需求。

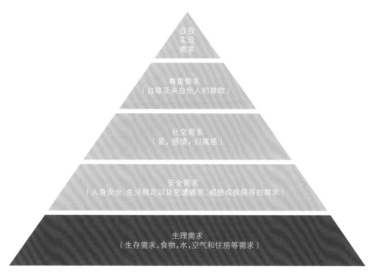

马斯洛需求层次理论

但当住宅空间逐渐增大时，人们的日常生活需求可以得到扩展，行为模式也丰富起来，住宅空间可以有适当的起居功能、娱乐功能、阅读功能等，人们的生活也细致地分为公共行为与私密行为，这就要求居住空间形成功能分区，继而有层次的居住空间会为人们提供更为便利的生活环境。

▲当住宅空间丰富到能进一步提供更高级的生活功能的时候，人们将得到更为先进和文明的生活方式

二、住宅空间设计原则

室内空间设计要体现"以人为本"的设计理念，针对不同家庭人口构成、职业性质、文化生活、业余爱好及个人生活习惯等特点，设计独具特色和个性的居家环境。

❶ 安全原则

任何装修和装饰绝不能给居住者留下安全隐患。如对承重结构的损坏致使结构坍塌，没有分隔防范的开敞式厨房，导致煤气中毒；电气线路的不规范连接引发火灾等。

❷ 适用原则

空间的使用者感到舒适、便捷。确切地讲，又包含以下几方面的内容：功能布局的合理，如公共活动区域和私密空间在位置上做到动与静分区、内与外关系明确；装饰用材恰当，应解决好保温、隔热、隔声等问题；设施配置适用、合理等。

❸ 健康原则

住宅装饰装修都应有利于人们的身心健康。装饰材料的污染、室内通风不畅、刺眼或昏暗的照明、过多的色彩、杂乱的陈设、都容易造成居住者的视觉超负荷。

❹ 美观原则

住宅空间设计的整体效果在风格、文化、品位、气质等方面引起的视觉的愉悦感。

◀在具体进行住宅空间设计时应遵循"安全、健康、适用、美观"的原则

三、住宅空间的艺术风格

一个家庭的住宅设计风格，能够反映出居住者的个人品位和艺术修养，因此在设计时要根据住宅空间特点，结合居住者的喜好，设计出最适合该空间的风格。

① 现代风格

- 风格特点：提倡突破传统，创造革新，注重发挥结构本身的形式美，反对多余装饰。
- 配色特点：既可以将色彩简化到最小程度，也可以用饱和度较高的色彩做跳色，还可使用对比强烈的色彩。

常用建材：复合材料、金属材料、文化石、大理石、木饰墙面、玻璃、条纹壁纸。

常用家具：造型茶几、躺椅、布艺沙发、线条简练的板式家具。

常用装饰：抽象艺术画、时尚灯具、金属工艺品、隐藏式厨房电器。

常用形状图案：几何结构、直线、点线面组合、方形、弧形。

▲现代风格多选用金属、玻璃、大理石等冷硬的材质

❷ 简约风格

- 风格特点：风格体现在设计细节的把握，对比是简约装修中惯用的设计方式。
- 配色特点：善用大量的白色，但一些纯度较高的色彩，也会出现在家居设计中。

常用建材：纯色涂料、抛光砖、通体砖、镜面/烤漆玻璃、石材、石膏板造型。

常用家具：低矮家具、直线条家具、多功能家具。

常用装饰：纯色地毯、黑白装饰画、金属果盘、吸顶灯、灯槽。

常用形状图案：直线、直角、大面积色块、几何图案。

▲ "轻装修、重装饰"是简约风格设计的精髓

❸ 混搭风格

• 风格特点：糅合东西方美学精华元素，充分利用空间形式与材料，创造个性化的家居环境。

• 配色特点：色彩虽然可以自然随意，但搭配的前提条件依然是和谐。

常用建材：玻璃＋镜面、玻璃＋金属、皮质＋金属＋镜面、大理石＋镜面玻璃。

常用家具：西式沙发＋明清座椅、现代家具＋中式家具、现代家具＋欧式家具、形态相似的家具＋不一样的颜色。

常用装饰：现代装饰品＋中式装饰品、民族工艺品＋现代工艺品、欧式雕像＋中式木雕、现代灯具＋中式木挂、中式装饰画＋欧式工艺品、欧式屏风＋现代灯具。

常用形状图案：直线＋弧线、直线＋雕花、方形＋圆形、不规则吊顶。

◀混搭并不是简单地把各种风格的元素放在一起做加法，而是把它们有主有次地组合在一起

❹ 中式古典风格

• 风格特点：以宫廷建筑为代表的中国古典建筑的室内装饰设计艺术风格，吸取传统装饰"形""神"的特征。

• 配色特点：代表吉祥、喜庆的红色与作为皇室象征的黄色，都是居室中常见的色彩。

常用建材：木材、文化石、青砖、字画壁纸。

常用家具：明清圈椅、案类家具、坐墩、博古架、塌、隔扇、中式架子床。

常用装饰：宫灯、青花瓷、中式屏风、中国结、文房四宝、书法装饰、木雕花
　　　　　壁挂、佛像、挂落、雀替。

常用形状图案：哑口、藻井吊顶、窗棂、镂空类造型、回字纹、冰裂纹、福禄
　　　　　　寿字样、牡丹图案、龙凤图案、祥兽图案。

▲ 布局设计严格遵循均衡对称原则，家具的选用与摆放是中式古典风格最主要的内容

❺ 新中式风格

· 风格特点：不是纯粹的元素堆砌，通过对传统文化的认识，将现代元素和传统元素相结合。

· 配色特点：相对于中式古典风格沉稳、厚重的色彩，新中式显得较为淡雅。白色系被大量地运用。

常用建材：木材、竹木、青砖、石材、中式风格壁纸。

常用家具：圈椅、无雕花架子床、简约博古架、线条简练的中式家具、现代家具＋清式家具。

常用装饰：仿古灯、青花瓷、茶案、古典乐器、佛像、花鸟图、水墨山水画、中式书法。

常用形状图案：中式镂空雕刻、中式雕花吊顶、直线条、荷花图案、梅兰竹菊、龙凤图案、骏马图案。

▲整体的家居设计中既有中式家居的传统韵味，又更多地符合了现代人居住的生活特点

❻ 欧式古典风格

• 风格特点: 追求华丽、高雅品位，具有很强的文化韵味和历史内涵。空间上追求连续性，追求形体的变化和层次感。

• 配色特点: 常以棕色系或黄色系为基础，搭配墨绿色、象牙白、米黄色等，表现出华贵感。

常用建材: 石材拼花、仿古砖、镜面、护墙板、欧式花纹壁布、软包、天鹅绒。

常用家具: 色彩鲜艳的沙发、兽腿家具、贵妃沙发床、欧式四柱床、床尾凳。

常用装饰: 大型灯池、水晶吊灯、欧式地毯、罗马帘、壁炉、西洋画、装饰柱、
　　　　　雕像、西洋钟、欧式红酒架。

常用形状图案: 藻井式吊顶、拱顶、花纹石膏线、欧式门套、拱门。

▲欧式古典风格呈现出富丽堂皇的效果

❼ 新欧式风格

● **风格特点**：在保持现代气息的基础上，极力让厚重的欧式家居体现一种别样奢华的"简约风格"。

● **配色特点**：多选用浅色调，以区分古典欧式因浓郁的色彩而带来的庄重感。其中，白色、金色、黄色、暗红色是其风格中常见的主色调。

> **常用建材**：石膏板工艺、镜面玻璃顶面、花纹壁纸、护墙板、软包墙面、黄色系石材、拼花大理石、木地板。
>
> **常用家具**：线条简化的复古家具、曲线家具、真皮沙发、皮革餐椅。
>
> **常用装饰**：铁艺枝灯、欧风茶具、抽象图案/几何图案地毯、罗马柱壁炉外框、欧式花器、线条烦琐且厚重的画框、雕塑、天鹅陶艺品、欧式风格工艺品、帐幔。
>
> **常用形状图案**：波状线条、欧式花纹、装饰线、对称图案、雕花。

▲新欧式风格不再追求表面的奢华和美感，而是更多地去解决人们生活中的实际问题

❽ 美式乡村风格

- 风格特点：摒弃烦琐和豪华，以舒适为向导，强调"回归自然"，注重私密空间与开放空间的区分。
- 配色特点：以自然色调为主，绿色、土褐色最为常见。

常用建材：自然裁切的石材、砖墙、花纹壁纸、实木、棉麻布艺、仿古地砖、
釉面砖。

常用家具：粗犷的木家具、皮沙发、摇椅、四柱床。

常用装饰：铁艺灯、彩绘玻璃灯、金属风扇、绘有自然风光的油画、织有大朵花
卉图案的地毯、壁炉、金属工艺品、仿古装饰品、野花插花、绿叶盆栽。

常用形状图案：鹰形图案、人字形吊顶、藻井式吊顶、浅浮雕、圆润的线条（拱门）。

▲美式乡村风格式住宅注重私密空间与开放空间的区分，重视家具和日常用品的实用和坚固

⑨ 田园风格

- 风格特点：重视对自然的表现，同时又强调浪漫与现代流行主义。
- 配色特点：本木色、黄色系、白色系（奶白、象牙白）、白色 + 绿色系、明媚的颜色。

常用建材：天然材料、木材 / 板材、仿古砖、布艺墙纸、纯棉布艺、大花壁纸 / 碎花壁纸。

常用家具：胡桃木家具、木质橱柜、高背床、四柱床、手绘家具、碎花布艺家具。

常用装饰：盘状挂饰、复古花器、复古台灯、田园台灯、木质相框、大花地毯、彩绘陶罐、花卉图案的油画、藤质收纳篮。

常用形状图案：碎花、格子、条纹、雕花、花边、花草图案、金丝雀。

▲田园风格追求自然、舒适的有氧空间，因此取材天然

⑩ 地中海风格

- 风格特点：捕捉光线、取材天然的巧妙之处，少有浮华、刻板的装饰。
- 配色特点：色彩丰富、配色大胆，往往不需要太多技巧，只要保持简单的意念。

常用建材：原木、马赛克、仿古砖、手绘墙、细沙墙面、海洋风壁纸、铁艺栏杆、棉织品。

常用家具：铁艺家具、木质家具、布艺沙发、船形家具、白色四柱床。

常用装饰：地中海拱形窗、地中海吊扇灯、壁炉、铁艺吊灯、铁艺装饰品、瓷器挂盘、格子桌布、贝壳装饰、海星装饰、船模、船锚装饰。

常用形状图案：拱形、条纹、格子纹、鹅卵石图案、罗马柱式装饰线、不修边幅的线条。

▲地中海家具以古旧的色泽为主，一般多为土黄色、棕褐色、土 红色

⑪ 东南亚风格

- 风格特点：是一种结合东南亚民族特色及精致文化品位的设计。
- 配色特点：一类是以木色色调或大地色系为主；另一类是用彩色作主色，例如红色、绿色、紫色等；还有一类比较现代，采用黑、白、灰的组合。

常用建材：木材、石材、藤、麻绳、彩色玻璃、黄铜、金属色壁纸、绸缎绒布。

常用家具：实木家具、木雕家具、藤艺家具、无雕花架子床。

常用装饰：浮雕、佛手、木雕、锡器、纱幔、大象饰品、泰丝抱枕、花草植物。

常用形状图案：树叶图案、芭蕉叶图案、莲花图案、莲叶图案、佛像图案。

▲东南亚风格把奢华和颓废、绚烂和低调等情感元素调和成一种沉醉的色彩感觉，让人无法自拔

⑫ 北欧风格

- 风格特点：以简洁著称，无硬装，重软装，墙面上没有多余的吊柜、装饰等。
- 配色特点：绝大部分时候使用温和的中性色彩，整体不会过于跳脱和多元，会保持色调与装饰风格极简化的视觉统一。

常用建材：天然材料、板材、石材、藤、白色砖墙、玻璃、铁艺、实木地板。

常用家具：板式家具、布艺沙发、带有收纳功能的家具、符合人体曲线的家具。

常用装饰：筒灯、简约落地灯、木相框或画框、组合装饰画、照片墙、线条简洁的壁炉、羊毛地毯、挂盘、鲜花、绿植、大窗户。

常用形状图案：流畅的线条、条纹、几何造型、大面积色块、对称。

▲北欧风格设计貌似不经意，一切却又浑然天成

⑬ 工业风格

• 风格特点：在形式上对现代主义进行修正的设计思潮与理念，采用非传统的手法来营造室内环境。

• 配色特点：在色彩上有两种较为常见的色调——灰色和红砖色。另外，工业风格经常是几种色彩混用在一起，体现出独具个性的配色效果。

常用建材：金属、红砖、艺术玻璃、水泥、板材、皮革、铁艺、仿古砖。

常用家具：创意家具、不规则家具、金属材质的家具、对比材质的家具。

常用装饰：抽象工艺品、水管风格装饰、动物造型装饰、斑驳的老物件、造型灯具。

常用形状图案：曲线、弧线、非对称线条、几何形状。

▲不规则的墙面设计以一种夸张的手法展现工业风格的硬朗气质

住宅空间动线分析

一、了解室内动线的含义

室内空间的动线是指人们在住宅中的活动线路，它根据人的行为习惯和生活方式把空间组织起来。

室内空间的动线会直接影响居住者的生活方式，合理的动线设计符合日常的生活习惯，可以让进到房间的人在移动时感到舒服，并且，动线应尽可能简洁，从一点到另一点，要避免费时低效的活动。通常不合理的动线会很长、很绕，往往需要原路返回或交叉，不仅浪费空间，还会影响其他家庭成员的活动。

二、住宅空间的动线划分

室内空间的动线可以分为主动线和次动线。主动线是所有功能区的行走路线，比如从客厅到厨房、从大门到客厅、从客厅到卧室，也就是在房子里常走的路线。而次动线则是在各功能区内部活动的路线，比如在厨房内部、卧室内部、书房内部等。

一般主动线包括家务动线、居住动线、访客动线，代表着不同角色的家庭成员在同一空间不同时间下的行动路线，也是室内空间的主要设计对象。

| 家务动线 | 居住动线 | 访客动线 |

小贴士

动线设计的基本原则

动静分离、主客分离。动静分离是指将家庭活动中较为热闹的、公共的活动与较为安静的、私密的活动分开设计，互不干扰；主客分离是指将居住空间中家庭成员内部的活动包括家务活动与对外的访客活动分开设计，形成各自的活动区域和流线，互不交叉。

❶ 家务动线

家务动线是在家务劳动中形成的移动路线，一般包括做饭、洗晒衣物和打扫，涉及的空间主要集中在厨房、卫浴间和生活阳台。家务动线在三条动线中用得最多，也最烦琐，一定要注意顺序的合理安排，设计要尽量简洁，否则会让家务劳动的过程变得更辛苦。

❷ 居住动线

居住动线就是家庭成员日常移动的路线，主要涉及书房、衣帽间、卧室、卫浴间等，要尽量便利、私密。即使家里有客人在，家庭成员也能很自在地在自己的空间活动。大多数户型的阳台，需要通过客厅到达，家庭成员在家时也会时常出入客厅，访客来访同样会在客厅形成动线，因此，不要把客厅放在房子的主动线轨迹上。

❸ 访客动线

访客动线就是客人的活动路线，主要涉及门厅、客厅、餐厅、公共卫浴间等区域，要尽量避免与家庭成员的休息空间相交，影响他人工作或休息。

小贴士

动线较好的户型 vs 动线相对差的户型

　　动线较好的户型。从入户门进客厅、卧室、厨房的三条动线不会交叉，而且做到动静分离，互不干扰。

　　动线相对差的户型。三条主动线出现交叉；动线的位置不合理。

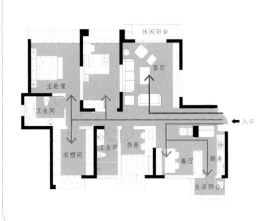

第三节
住宅空间色彩设计

一、色彩基础常识

住宅空间离不开色彩的设计，了解基础的色彩知识，更好地将颜色美感注入空间之中，为设计增添视觉亮点。

① 色彩的属性

自然界的色彩千变万化，形成这些色彩的基本原理包括色彩的三要素：色相、明度和纯度。

（1）色相

色相即各类色彩的相貌称谓，如大红、普蓝、柠檬黄等。色相是色彩的首要特征，是区别各种不同色彩的最准确的标准，除了黑、白、灰三色，任何色彩都有色相。即便是同一类颜色，也能分为几种色相，如黄颜色可以分为中黄、土黄、柠檬黄等，灰颜色则可以分为红灰、蓝灰、紫灰等。

12 色相环　　24 色相环

（2）明度

明度指色彩的亮度或明度，就是常说的明与暗。颜色有深浅、明暗的变化，最亮的颜色是白色，最暗的颜色是黑色。在任何色彩中加入白色会加强色彩的明度，使颜色变浅；加入黑色则会减弱色彩的明度，使颜色变深。

低明度　　高明度

加入白色提高色彩的明度

加入黑色降低色彩的明度

（3）纯度

也称饱和度或彩度，就是常说的鲜艳与否，越鲜艳的纯度越高。纯度强弱，是指色相感觉明确或含糊、鲜艳或混浊的程度。高纯度色相加白或黑，可以提高或减弱其明度，但都会降低它们的纯度。如加入中性灰色，也会降低色相纯度。

高纯度　◄┈┈┈┈┈┈►　低纯度

不同纯度的色彩组合的效果

动感

活跃

现代

朴素

娇美

清爽

❷ 色彩的搭配类型

在同一个空间中，采用单一色彩的情况非常少，通常都会采用几种颜色进行搭配，用来互相搭配的色相组成的效果称为色相型，简单地说就是某色相与某色相的搭配效果。

（1）同相型·近似型配色

采用统一色相的配色方式为同相型配色，用邻近的色彩配色称为近似型配色。两者都能给人稳重、平静的感觉。

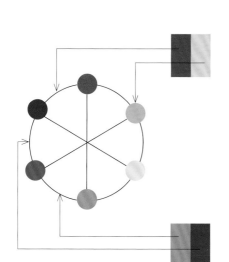

同为冷暖色范围，8份差
距也可归为近似型配色

▲同相型

▲近似型

（2）互补型·对比型配色

互补型是指在色相环上位于 180° 相对位置上的色相组合，接近 180° 位置的色相组合就是对比型。这两种配色方式色相差大，视觉冲击力强，可给人深刻的印象。

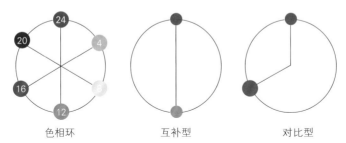

色相环   互补型   对比型

◀互补型

◀对比型

（3）三角型·四角型配色

在色相环上，能够连线成为正三角形的三种色相进行组合为三角型配色，如红、黄、蓝色；两组互补型或对比型配色组合为四角型配色。

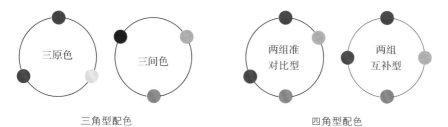

三角型配色   四角型配色

◀三角型

◀四角型

（4）全相型配色

在色相环上，没有冷暖偏颇地选取 5~6 种色相组成的配色为全相型，是色相最全面的一种配色方式，充满活力和节日气氛，是最开放的色相型。

小贴士

全相型配色的原则

在进行全相型配色时，需要注意的是，所选择的色彩在色相环上的位置没有偏斜，要至少保证 5 种色相，如果偏斜太多就会变成对决型或者类似型。

③ 色彩的四角色

室内空间中的色彩，既体现在墙面、地面和顶面，也体现在门窗和家具上，同时窗帘、饰品等软装的色彩也不容忽视。事实上，这些色彩扮演着不同的角色，在家居配色中，了解了色彩的角色，合理区分，是成功配色的基础之一。

配角色

常陪衬主角色（占比10%），视觉重要性和面积次于主角色。通常为小家具，如边几、床头柜等色彩，使主角色更突出

点缀色

指居室中最易变化的小面积色彩（占比10%），如工艺品、靠枕、装饰画等。点缀色通常颜色比较鲜艳，若追求平稳感也可与背景色靠近

背景色

指占据空间中最大比例的色彩（占比60%），通常为室内空间中的墙面、地面、顶面、门窗、地毯等大面积的色彩，它是决定空间整体配色印象的重要角色

主角色

指居室的主体物（占比20%）的色彩，包括大件家具、装饰织物等构成视觉中心物体的色彩，是配色的中心

二、色彩对住宅空间的作用

色彩不仅可以让单调的房屋变得多姿多彩，充分地彰显居住者的审美和个性，还能够对建筑结构有缺陷的家居空间进行调和。利用不同色相给人的感觉，通过改变它们的明度和纯度进行相应的调整，除了可以让家居空间比实际面积看起来更宽敞或更丰满外，还能够调节空间的宽度、长度和高度。

❶ 调整高度的色彩

现代很多住宅楼的层高都比较低，选择铺设地砖后由于砂浆层和地砖的高度叠加，整体高度会变得更低，容易使人感到压抑。遇到这种情况时，可以用色彩的重量感来进行调整，使视觉上的比例更舒适。

（1）轻色

使人感觉重量轻，具有上升感的色彩，可以称之为轻色。通过比较可以发现，在色相相同的条件下，明度越高的色彩上升感越强，在所有色彩中，无色系的白色是让人感觉最轻的色彩；而在冷暖色相相同纯度和明度的情况下，暖色有上升感，使人感觉较轻，冷色则与之相反。

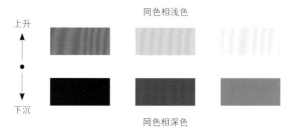

（2）重色

与轻色相对的是，有些色彩让人感觉很有重量，有下沉感，可以将其称之为重色。所有的色彩中，无色系的黑色重量感最强。而将彩色系的不同色相做比较可以发现，在相同色相的情况下，明度低的色彩比较重；相同纯度和明度的情况下，冷色系感觉重。

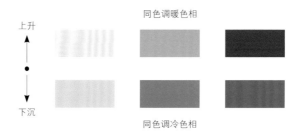

❷ 调整宽、窄的色彩

与色彩有轻有重类似的是，有的色彩有前进或后退的感觉，有的色彩有膨胀或收缩的感觉。对于一些结构存在宽度窄、长宽比例不舒适、过于狭长等缺陷的户型来说，可以利用这些色彩的不同特点予以调整。

（1）前进色和后退色

将冷色和暖色放在一起对比可以发现，高纯度、低明度的暖色相有向前进的感觉，可将此类色彩称为前进色，它能让远处的墙面具有前进感。与前进色相对的，低纯度、高明度的冷色相具有后退的感觉，可称为后退色，后退色能够让近处的墙面显得比实际距离远一些。

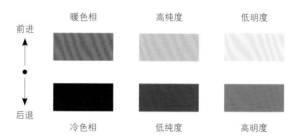

（2）膨胀色和收缩色

能够使物体看起来比本身要大的色彩就是膨胀色，高纯度、高明度的暖色相都属于膨胀色。在大空间中使用膨胀色，能使空间更充实一些。收缩色指使物体体积或面积看起来有收缩感的色彩，低纯度、低明度的冷色相属于此类色彩，很适合面积较小的房间。

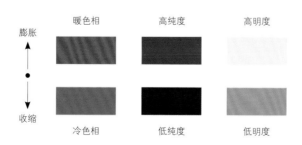

三、住宅空间色彩设计的方法

住宅空间中的色彩，体现在墙面、地面、顶面等界面，也体现在家具、窗帘、地毯等软装饰上。它们决定了住宅空间中的主色、配色以及背景色，在进行色彩设计时，有效地把握主要的几种色彩搭配和比例，能营造出各种不同美感的空间效果。

❶ 住宅空间配色原则

住宅空间的配色并不是一成不变的，各个空间都有其特殊的功能，在配色设计时要根据空间特点进行合理选择。

（1）遵循色彩的基本原理

遵循色彩基本原理的配色，才是成功的配色。符合规律的色彩才能打动人心，并给人留下深刻的印象。色彩的属性包括了色相、明度和纯度。调整色彩的这些属性，整体的配色效果也会跟着改变。

▲除了属性，相互搭配的色彩比例以及数量，也会影响配色的效果

小贴士

成功的配色宜"以人为本"

在进行居室内各种物品的色彩选择时，宜"以人为本"，更多地为业主考虑，其年龄、性别的差异都会对色彩效果产生不同的需求。以这些为基础，从色彩的基本原理出发，进行有针对性的选择，使色彩的选择与感觉一致，使人产生认同感。

（2）家居配色应避免混乱

多种色相的搭配能够使空间看起来活泼并具有节日氛围，但若搭配不恰当，活力过强，反而会破坏整体配色效果，造成混乱感。将色相、明度和纯度的差异缩小，就能避免混乱的现象。在配色沉闷的情况下添加色彩以增添活力；在混乱的情况下减少色彩使其稳健，这是进行配色活动的两个主要方向。

▲除了控制色彩的三种属性外，还可以控制色彩的主次位置来避免混乱，要注意控制配角色的占有比例，以强化主角色，主题就会显得更加突出，而不致主次不清，显得混乱

（3）用色彩引领空间氛围

在家居空间中，占据最大面积的色彩，其色相和色调对整个空间的风格和气氛具有引领作用。因此，在进行一个空间的配色时，可以根据所需要的氛围来选择色彩，首先确定大面积色彩的色相，根据情感需求调节其明度和纯度，然后进行其他色彩的搭配，辅色的选择对氛围的塑造也是非常重要的。

▲选择一面墙刷满绿色，先确定整个空间的氛围，再从细节调整加入不同明度、纯度的黄色搭配

（4）根据空间的特点进行配色

一些家居空间本身会存在缺点，当不能通过造型进行改造时，可以通过色彩的手段进行调整。例如，房间朝向不好时可以采用浅色系的色彩，使空间明亮；房间过于宽敞，可以采用具有收缩性的色彩来处理墙面，使空间显得紧凑、亲切；若房间过高，可以在天花板上使用一些具有下沉感的色彩，在视觉上使高度下降。

▲房高过高，所以选择具有收缩性的黑色处理墙面，使空间看上去不会过于空旷

❷ 不同空间配色设计

空间中的色彩不是独立存在的，这些色彩之间的对比也会影响整个空间的色彩印象。每种色彩都有自己独特的语言，如红色热烈，蓝色寂静、清爽，绿色充满生机，黄色温暖，紫色神秘，粉色浪漫等。这些色彩中蓝色适合卧室，绿色适合客厅，黄色适合餐厅，要根据色彩特有的情感运用到适合的空间。

（1）客厅

客厅的色彩是非常重要的一个环节，从某种意义上讲它是给整个居室色彩定调的中心，总的要求是应把握居室总体色彩基调相协调并加以个性化处理，使客厅能够产生缓和紧张情绪、调养身心的良好氛围。无论是黑与白、红与黑、蓝与白，或不同颜色深浅明暗对比，以及高色调与低色调、冷色调与暖色调的对比反差，再配以间接而且稳重、柔和的灯光，使之在客厅内部分布，将烘托出一种气氛怡人的室内环境。

▲客厅配色以红黄色系为主，并做出深浅变化

（2）餐厅

餐厅的色彩一般随客厅来搭配，但总的说来，餐厅色彩宜以明朗轻快的色调为主，最适合的是橙色及相同色调的近似色。这两种色彩不仅能给人以温馨感，而且能提高进餐者的食欲。另外，餐厅墙面可用中间色调，天花板色调则用浅色，以增加稳重感。

▶橙色碎花的壁纸温馨而可爱，配上同色系的碎花餐椅，给居室带来一股温暖之风

（3）卧室

卧室大面积色调，一般是指家具、墙面、地面三大部分的色调。卧室配色时首先是组合这三部分，确定一个主色调。其次是确定好室内的重点色彩，即中心色彩，卧室一般以床上用品为中心色，如床罩为杏黄色，卧室中其他织物应尽可能用浅色调的同种色，如米黄、咖啡等，而且全部织物宜采用同一种图案。另外，

▲卧室墙面为绿色，床品为灰色调，再以浊色调的粉色降低沉闷感，整体搭配和谐统一

还可以运用色彩使人产生的不同心理、生理感受来进行装饰设计，通过色彩配置来营造舒适的卧室环境。

（4）书房

书房色彩既不要过于鲜亮，又不宜过于昏暗，而应当取柔和色调的色彩装饰。采用高度统一的色调装饰书房是一种简单而有效的设计手法，完全中性的色调可以令空间显得稳重而舒适，十分符合书房的特质。需要注意的是，必须让这种高度统一的空间中有一些视觉上的变化，如空间的外形、选用的材质等，否则就会显得单调。

▲书房用色主要以白色、木色为主，中性色调为书房奠定了稳重的基调

（5）厨房

由于厨房中存在大量的金属厨具，因此墙面、地面可以采用柔和及自然的颜色。另外，可以用原木色调加上简单图案设计的橱柜来增加厨房的温馨感，尤其是浅色调的橡木纹理橱柜，可以令厨房展现出清雅、脱俗的美感。

▲原木色的橱柜搭配白色墙面，令厨房呈现出温暖干净的基调

（6）卫浴

卫浴通常都不是很大，但各种盥洗用具复杂、色彩多样，为避免视觉的疲劳和空间的拥挤感，应选择清洁、明快的色彩为主要背景色，对缺乏透明度与纯净感的色彩要敬而远之。

▶卫浴背景色为蓝色，并用淡蓝色做中和，增添了空间的光亮度

（7）玄关

玄关空间一般都不大，并且光线也相对暗淡，因此用清淡明亮的色调能令空间显得开阔。另外，玄关色彩不宜过多。墙面可采用纯色壁纸或乳胶漆，避免在这个局促的空间里堆砌太多让人眼花缭乱的色彩与图案。

▶玄关中干净的白和轻柔的黄，将空间的柔情与优雅表现得淋漓尽致

（8）过道

过道往往给人单一的感觉，可以运用地面铺贴的块阶设计来修饰其不足之处。例如，过道的地面色彩沿用居室的主色调，从视觉上让整体环境更协调，之后用不同材料或颜色的块阶设计来表现空间独特的一面。这样的设计可以令空间在心理上无形被扩大，同时令整体的视觉更有回旋的空间感。

▶过道中间为白色釉面砖，两边分别用淡雅的紫色来装饰，丰富了视觉上的律动感

住宅空间照明设计

一、选择合适的光源

根据灯具光通量的空间分布状况及灯具的安装方式，室内照明方式可分为直接照明、半直接照明、间接照明、半间接照明和漫射照明方式五种。

❶ 直接照明

直接照明是光线通过灯具射出，这种照明方式具有强烈的明暗对比，并能形成有趣生动的光影效果，可突出工作面在整个环境中的主导地位，给人明亮、紧凑的感觉，但是由于亮度较高，应防止眩光的产生。

❷ 半直接照明

半直接照明的方式是半透明材料制成的灯罩罩住光源上部，使之60% ~ 90% 以上的光线集中射向工作面，10% ~ 40% 被罩光线又经半透明灯罩扩散而向上漫射，其光线比较柔和。这种灯具常用于较低的房间的一般照明。由于向上漫射的光线能照亮顶面，使房间顶部高度增加，因而能产生较高的空间感。

❸ 间接照明

间接照明方式是将光源遮蔽而产生间接光的照明方式，其中90% ~ 100% 的光通过天棚或墙面反射作用于工作面，10% 以下的光线则直接照射工作面。

❹ 半间接照明

半间接照明方式，恰和半直接照明相反，把半透明的灯罩装在光源下部，60% 以上的光线射向平顶，形成间接光源，10% ~ 40% 部分光线经灯罩向下扩散。这种方式能产生比较特殊的照明效果，使较低矮的房间有增高的感觉。也适用于住宅中的小空间部分，如门厅、过道等，通常在学习的环境中采用这种照明方式最为适宜。

❺ 漫射照明

漫射照明是利用灯具的折射功能来控制眩光，将光线向四周扩散漫散。一种为光线从灯罩上口射出经平顶反射，两侧从半透明灯罩扩散，下部从格栅扩散。另一种为用半透明灯罩把光线全部封闭而产生漫射。这类照明光线性能柔和，视觉舒适，适于卧室。

直接照明	光直接往下照，容易产生阴影，照明范围小，适合局部照明		筒灯、射灯等直接照明方式可造成美观的光影效果
半直接照明	中心光源较亮，照明范围大，光线较柔和		卧室采用吊灯来作半直接照明，无形中增加了居室的高度
间接照明	光照到天花板再反射，不易产生阴影，在视觉上抬高天花板，适合作为轮廓照明		光线先照到墙面上，这样弱化了光线，带来柔和的照明效果
半间接照明	向上的光挑高天花板，向下的光辅助照明		半间接照明的方式，既柔和，又令小空间不显昏暗
漫射照明	照明范围大，光线柔和		卧室采用漫射照明，光线非常柔和，符合卧室追求温馨、舒适的理念

二、常用装饰灯具

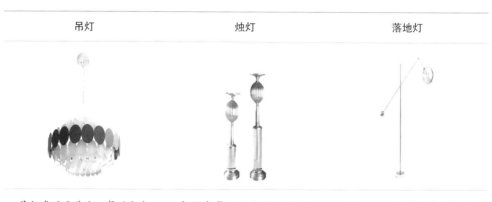

吊灯	烛灯	落地灯
吊灯多用于卧室、餐厅和客厅。吊灯的安装高度，其最低点应离地面不小于2.2m	多用在餐厅、卫浴间或厨房，以烘托气氛	落地灯一般放在沙发拐角处，落地灯的灯罩下边应离地面1.8m 以上

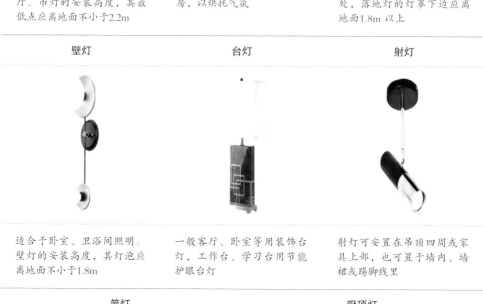

壁灯	台灯	射灯
适合于卧室、卫浴间照明。壁灯的安装高度，其灯泡应离地面不小于1.8m	一般客厅、卧室等用装饰台灯，工作台、学习台用节能护眼台灯	射灯可安置在吊顶四周或家具上部，也可置于墙内、墙裙或踢脚线里

筒灯	吸顶灯
一般装设在卧室、客厅、卫浴间的周边天棚上	吸顶灯适合于客厅、卧室、厨房、卫生间等处的照明

三、不同空间的照明需求

空间的功能用途不同，照明需求也不一样。多样的照明组合方式，能够营造出不同的氛围，满足不同空间的照明需求。

1 客厅

客厅光线要适度，在光线的使用上多以黄光为主，容易营造出温馨效果；也可以将白光及黄光互相搭配，通过光影的层次变化来调配出不同的氛围，营造特别的风格。

▲黄色光源令客厅显得非常温馨

2 餐厅

餐厅可利用灯光作为辅助手段来调节室内色彩气氛，以达到利于饮食和愉悦身心的目的。例如，灯具选用白炽灯，经反光罩反射后以柔和的橙色光映照室内，形成橙黄色环境，能有效消除死气沉沉的低落感。寒冷的冬夜，如选用烛光色彩的光源照明或橙色射灯，使光线集中在餐桌上，也会产生温暖的感觉。

▲暖黄色的灯光令餐厅空间呈现出温馨的氛围，用餐时间显得轻松而惬意

❸ 卧室

　　卧室是休息的地方，除了提供易于养眼的柔和的光源之外，更重要的是要以灯光的布置来缓解白天紧张的生活压力。卧室照明应以柔和为主，可分为照亮整个室内的吊顶灯、床头灯以及低的夜灯。吊顶灯应安装在光线不刺眼的位置；床头灯可使室内的光线变得柔和，充满浪漫的气氛；而夜灯投出的阴影可使室内看起来更宽敞。

◀吊顶灯和床头壁灯为卧室带来了良好的照明环境

❹ 书房

　　书房灯具一般应配备有照明用的吊灯、壁灯和局部照明用的写字台灯。此外，还可以配一小型的床头灯，能随意移动，可安置于组合柜的隔板上，也可放在茶几或小柜上。另外，书房灯光应单纯一些，在保证照明度的前提下，可配乳白或淡黄色壁灯与吸顶灯。

◀吊灯的光线均匀地照射在书房内

❺ 厨房

厨房照明以功能为主，主灯宜亮，设置于高处。同时还应配以局部照明，以方便洗涤、切配、烹饪等。主灯光可选择日光灯，其光量均匀、清洁，给人一种清爽感觉。然后再按照厨房家具和灶台的安排布局，选择局部照明用的壁灯和工作台面照明用的、高低可调的吊灯，并安装有工作灯的脱排油烟机，储物柜可安装柜内照明灯，使厨房内操作所涉及的工作面、备餐台、洗涤台、角落等都有足够的光线。

◀从照明亮度上来说，因为涉及备餐过程中的很多繁杂的工作，亮度较高对于眼睛也能起到较好的保护作用

❻ 卫浴间

卫浴间是一个使人身心放松的地方，因此要用明亮柔和的光线均匀地照亮整个浴室。许多卫浴间的自然采光不足，必须借助人工光源来解决空间的照明。一般来讲，卫浴间要采用整体照明和局部照明营造"光明"。

◀卫浴的整体灯光不必过于充足，朦胧一些，有几处强调的重点即可，因此局部光源是营造空间气氛的主角

7 衣帽间

应接近自然光。对于衣帽间而言，最好采用接近自然光的光源，以便使衣服的颜色接近正常，方便选择。房间内照明要充足，必要时增加辅助照明。此外，应注意灯光、色调等元素的合理与个性，以使其既融入居室整体风格，又能保持独特的情调。

▶衣帽间的灯光接近柔和的自然光，令衣物的颜色得到最真实的展现

8 玄关

温暖的氛围。玄关一般都不会紧挨窗户，要想利用自然光的介入来提高区间的光感是不可奢求的。因此，必须通过合理的灯光设计来烘托玄关明朗、温暖的氛围。一般在玄关处可配置较大的吊灯或吸顶灯作主灯，再添置些射灯、壁灯、荧光灯等作辅助光源。还可以运用一些光线朝上射的小型地灯作点缀。

▲玄关顶面采用射灯，墙面运用隐藏灯带，令玄关光源充足

⑨ 过道

过道应该避免只依靠一个光源提供照明，因为一个光源往往会令人把注意力都集中在它上面，而忽略了其他因素，也会给空间造成压抑感。因此过道的灯光应该有层次，通过无形的灯光变化让空间富有生命力。

⑩ 楼梯

从楼梯所处的位置来讲，给人感觉大多较暗，所以光源的设计就变得尤为重要。主光源、次光源、艺术照明等方面都要根据实际情况而定。过暗的灯光不利于行走安全，过亮又易出现眩光。因此，光线要把握在柔和的同时达到一定的清晰照度。

▲在过道灯具的选择上，小巧而实用的射灯和壁灯就是最好的选择

▲射灯为楼梯空间带来了良好的照明

住宅空间软装搭配

一、家具布置原则与流程

室内设计和家具布置都有自身的设计程序和原则，家具布置作为家具产品和室内环境结合的重要步骤，作为家具价值的完美体现，作为室内设计任务的最终完成，也有着作业的流程和布置的原则。

❶ 住宅空间家具布置原则

家具的布置应该大小相衬，高低相接，错落有致。摆放必须做到充分利用空间，摆放一定要合理。

（1）比例与尺度原则

在美学中，最经典的比例是"黄金分割"；尺度是不需要具体尺寸，凭人的感觉得到对物品的印象。比例是理性的、具体的；尺度则是感性的、抽象的。如果没有特别的偏好，不妨就用 1：0.618 的完美比例来划分空间，进行家具布置，这会是一个非常讨巧的方法。

▲客厅中沙发、茶几布置合理，一侧的书架在家具摆放比例合理的同时，也增加了居室的使用功能

（2）稳定与轻巧原则

四平八稳的家具布置给人内敛、理性的感觉，轻巧灵活的布置则让人感觉流畅、感性。把稳定用在整体，轻巧用在局部，就能造就完美的家居空间。

▲沙发摆放中规中矩，两侧放置一把淡蓝色的单人沙发和长坐凳，增强了家具布置的灵活性

（3）对比与协调原则

在家居空间中，对比无处不在，无论是风格上的现代与传统、色彩上的冷与暖、材质上的柔软与粗糙，还是光线的明与暗。没有人会否认，对比能增添空间的趣味。但是过于强烈的对比会让人一直神经紧绷，协调无疑是缓冲对比的一种有效手段。在家居布置上也应该遵循这一原则。

▲客厅中的沙发和座椅色彩一冷一暖，形成色彩上的对比，但造型和材质则较协调统一

小贴士

要拿捏好家具布置的关系

值得注意的是，一定要拿捏好稳定与轻巧的关系，从家具的造型、色彩上都注意轻重结合，这样才能对整体空间有个合理的布局。靠窗一侧的沙发摆放中规中矩，对面放置一把棕色的单人沙发，增强了家具布置的灵活性。

▲具有曲线线条的黄色座椅为居室带来韵律美，与方正的沙发相搭配，带来节奏感

（4）节奏与韵律原则

在音乐里，节奏与韵律一直是密不可分的，在家具布置上同样存在着节奏与韵律。节奏与韵律是通过家具的大小、造型上的直线与曲线、材质的疏密变化等来实现的。

（5）对称与均衡原则

在家具布置上，对称与均衡无处不在。对称是指以某一点为轴心，求得上下、左右的均衡。现在居室的家具布置中往往在基本对称的基础上进行变化，造成局部不对称或对比，这也是一种审美原则。另有一种方法是打破对称，或缩小对称在室内装饰的应用范围，使之产生一种有变化的对称美。

▶餐桌两边是造型一致、颜色不同的餐椅，形成变化中的对称，在形式和色彩上达成视觉均衡，产生一种有变化的对称美

（6）过渡与呼应原则

家具的形色不尽相同，所以一定要注意个体家具之间、家具与整体环境之间的过渡与呼应。如果家具的造型都为简洁型，为避免单调，可以在布艺和饰品上做工夫，选择具有特色的物件，为居室带来视觉上的和谐过渡。

▲沙发与茶几都是简洁的造型，彼此之间有很好的呼应；茶几上的花器饰品则给视觉一个和谐的过渡，使得空间变得非常流畅、自然

（7）主要与次要原则

主次关系是家具布置需要考虑的一个基本因素。要确定主次关系并不难，一般与家具在空间中的地位有关。在大空间和谐的基础上，不妨试试通过一两件有格调的、独特的家具来构建自己的风格。

▲次要家具不规则金属茶几与主要家具沙发搭配，风格感十足

（8）单纯与风格原则

购买家具最好配套，以达到家具的大小、颜色、风格和谐统一。家具与其他设备及装饰物也应风格统一、有机地结合在一起。如平面直角电视应配备款式现代的组合柜，并以此为中心配备精巧的沙发、茶几等；如窗帘、灯罩、床罩、台布等装饰的用料、式样、颜色、图案也应与家具及设备相呼应。如果组合不好，即使是高档家具也会显不出特色，失去应有的光彩。

▲北欧风格的居室中沙发与茶几的造型都很简洁，单独出现的座椅虽然在造型和色彩上有所变化，却与整体家居风格丝毫不冲突

❷ 住宅空间家具布置流程

住宅空间的家具布置也是有规律与步骤可循的，总体可以总结为以下八个步骤。

第一步：前期恰当划分室内区域，明确分区功能

室内分区是家具配置的决定性前提，正确的分区可以使家具配置更为明确简单。室内分区也是室内设计方案阶段的一个重要内容，是对室内空间的第一次划分，为家具对室内空间的第二次划分提供了操作平台。一般习惯把一间住房分为三区：一是安静区，离窗户较远，光线比较弱，噪声也比较小，以选择床铺、衣柜等为适宜；二是明亮区，靠近窗户，光线窗户，光线明亮，适合于看书写字，以放写字台、书架为宜；三是行动区，为进门室的过道，除留一定的行走活动地盘外，可在这一区放置沙发、桌椅等。家具按区摆置，房间就能得到合理利用，并给人以舒适清爽感。

第二步：排除活动空间，整体确定计划配置区域

分区完成后就可以形成明确的交通路线，动线必定要占据一定的室内空间，这部分区域不能放置家具等固定物品，否则会造成对居住行为的阻碍，所以分区完成后可以首先把动线区域和其他活动空间排除，以便进一步整合家具配置区域。

第三步：根据分区尺度确定家具尺度和布局形式，综合考虑电气设备位置

完成以上两个步骤后，家具在室内空间存在的区域规划已经显现出来，如交谈区、就餐区、工作区、休息区等。根据各个区域的空间尺度可以确定所要选用家具的基本大小尺度。另外根据区域空间和墙面的关系，可以基本确定布局形式。在布局时综合考虑电气的位置，若选用壁挂电视，则客厅矮柜就可不具有承载的功能，更多的是储藏和装饰作用，所以家具必须配合电气设备来综合考虑。同时电气插座开关一般设计在墙边，减少占据可用的家具配置墙面。

第四步：考察市场，根据室内风格对家具进行预选型，获取家具尺度

在室内装修施工之前，应对家具市场做考察，根据室内设计方案风格对家具预选型并获取家具的平面和立面尺寸。室内设计师应具有一定的家具专业知识，对材料、工艺、造型和市场上现有的家具品牌和各自特点有充分的了解，在选型时做到心中有数。这一步骤最终要达到基本确定所需家具的结果。

第五步：根据考察情况反馈到室内设计中，对原有方案进行再调整

选型后可能出现的情况有两种：其一，选用的家具比较符合室内设计方案的要求，可以和室内空间整体协调；其二，选中的家具和预想的有所出入，那么就要根据家具再对室内设计进行一定的调整，这是家具对室内空间影响的反映。对墙、顶、地造型调整，根据选型布局进一步精确设计光源形式、照度、色温、电气来配合家具配置后的整体室内效果。

第六步：深化设计中以原尺寸调入家具模型，出家具平面布置图、铺地平面图、综合天花图和效果图

以上步骤完成后就可以进入到深化设计阶段，也是各项图纸的完成阶段。需要注意的是，在制图中应继续贯彻家具室内整体配合的原则，以真实尺寸调入家具模型，以平面和透视的效果检验所选家具的效果。

第七步：室内硬装饰施工完成，配置已选型家具，按原则布局

在配置中应首先配置卧室、书房等隐蔽性空间的家具，一般最后配置卧室家具。灵活运用家具配置原则。

第八步：根据家具风格选配织物、陈设，对室内细部进行补充

家具配置完成后室内细节的处理也是必不可少的，要充分利用陈设装饰室内空间。室内的陈设包括工艺品、字画、盆景、酒具、茶具、电器等。观赏陈设的艺术效果主要是增加室内的生活气息和诗情画意的情趣。除观赏陈设外，还有功能和装饰双重含义的装饰织物，包括地毯、门帘、家具蒙面材料、靠垫、床罩等。

二、配饰分类与搭配原则

家居配饰即为软装（软装修、软装饰）的一部分，指在居室完成装修之后，利用可更换、可更新的布艺、绿植、铁艺、挂画、挂毯等进行的二次装饰。

1 配饰的分类

工艺饰品	装饰画
包括陶瓷摆件、铁艺摆件、玻璃摆件等	包括挂画、插画、照片墙、漆画、壁画、油画等
布艺织物	绿植花卉
包括窗帘、床上用品、地毯、桌布、桌旗、靠垫等	包括装饰花艺、鲜花、干花、花盆、艺术插花、绿化植物、盆景园艺等

❷ 住宅空间配饰搭配原则

住宅空间的配饰设计可根据居住者的喜好和特定配饰风格，通过对配饰产品进行设计与整合，完成空间按照一定设计风格和效果进行装饰，最终达到整个空间和谐、温馨、漂亮。

（1）合理性与适用性原则

室内陈设布置的根本目的是满足全家人的生活需要。这种生活需要体现在居住和休息、做饭与用餐、存放衣物与摆设、业余学习、读书写字、会客交往及家庭娱乐诸多方面，而首要的是满足居住与休息的功能要求，创造出一个实用、舒适的室内环境。因此，室内配饰布置，应求得合理性与适用性。

▲利用桌椅后部的空间摆上一两张几案，不仅可以成为工艺品展示的地方，也能为全白的墙面增添装饰感

▲将装饰性的配饰放在矮柜之上，没有占用过多的空间，就能为空间增光添色，增加装饰美感

（2）布局完整统一，基调协调一致的原则

在室内配饰布置中，根据功能要求，整体布局必须完整统一，这是设计的总目标。这种布局体现出协调一致的基调，融汇了居室的客观条件和个人的主观因素（性格、爱好、志趣、职业、习性等），围绕这一原则，会自然而合理化地对室内装饰、器物陈设、色调搭配、装饰手法等做出选择。尽管室内布置因人而异，千变万化，但每个居室的布局基调必须相一致。

▲大象坐凳呼应大象摆件，充分将家具与饰品联系起来，形成一个完整而又和谐的客厅氛围

▲色系和材质相同，但造型不同的工艺品摆件，在相同之中又存在着变化，给人带来和谐的个性感

（3）色调协调统一的原则

明显反映室内配饰基调的是色调。室内陈设的一切器物的色彩都要在协调统一的原则下进行选择。色调的统一是主要的，对比变化是次要的。色彩美是在统一中求变化，又在变化中求统一。

▲呼应整个空间蓝色和黄色色调，配饰的色彩选择也以蓝色和黄色为主，间或以极小面积的鲜艳红色作点缀，增添一点变化

▲墙上的装饰品与红色和白色家具呼应，使餐厅的整体感更强烈

（4）疏密有致的原则

家具是家庭的主要器物，它所占的空间与人的活动空间要配置得合理、恰当，使所有配饰的陈设，在平面布局上格局均衡、疏密相间，在立面布置上要有对比，有照应，切忌堆积，不分层次、空间。

▲从灯具到装饰画、再到工艺品摆件和花艺，整个客厅的配饰布置疏密有致，不会过分拥挤，又能填补细节

▲客厅家具的布置疏密有致，数量虽然不多，但层次感和美感并存

第二章
客厅设计

客厅是整个住宅中空间最大、功能最复杂的地方，它是住宅中通往其他各个空间的枢纽，也是空间设计的重中之重。

第一节
客厅功能与设计

一、客厅功能分区

　　客厅是一个家庭里活动最频繁、家庭成员参与度最高的公共生活空间，它承担着对外接待会客，对内家庭娱乐休闲的功能职责，同时也是一个向人展示居住者兴趣爱好，彰显居住者文化品位的窗口。

视听区

电视与音乐已经成为人们生活的重要组成部分，因此视听空间成为客厅的一个重点。现代化的电视和音响系统提供了多种式样和色彩，使得视听空间可以随意组合并与周围环境成为整体。

会客区

会客区一般以组合沙发为主。组合沙发轻便、灵活、体积小、扶手少、能围坐，又可充分利用墙角空间。会客时无论是正面还是侧面相互交谈，都有一种亲切、自然的感觉。

学习区

学习区也叫休闲区，应比较安静，可处于客厅某一隅，区域不必太大，营造舒适感很重要。并与周围环境成为整体。

二、客厅环境设计

客厅的环境设计包括光环境的设计、客厅色彩的设计以及声环境和热环境的设计，只有将所有的环境要素考虑到位，才能设计出实用又适用的住宅客厅。

① 客厅光环境

客厅的光环境涉及室内设计的部分主要是灯光这一环，优秀的光环境设计可以使得客厅更为包容、明朗，给人积极的心理反应。

（1）舒适合理的照度

客厅的平均照度不宜太高，室内的主要区域的平均照度在 75~100lx。在进行视听活动时，则需要较低的照度水平，因而客厅需要调光装置来满足人在客厅中对灯光照度的需求。

▶沙发旁的台灯作为辅助式照明，可以弥补射灯照明的不足，也可当阅读灯使用，满足人对空间功能的各种需求

（2）考虑人的感受

主体照明应该以稳重大气、温暖热烈的灯光效果为主旨，这样可以使人感到亲切。次要照明灯具的选择上，可以选择明度一般的暖色光或者冷色光灯具辅助，增强空间感和立体感。

▶暖黄色的吸顶灯作为主体照明奠定大气而又亲切的氛围，次要照明以橙黄色灯带和白色筒灯为主，使客厅层次更加丰富

❷ 客厅色彩

客厅是家人及来访者聚会的场所，人进入某个空间最初几秒内得到的印象是对色彩的感觉，其在客厅中实际起着改变或者创造某种格调的作用，会给人带来某种视觉上的差异和艺术上的享受。

（1）根据朝向选取色调

西向的客厅由于下午阳光强烈，尤其是夏季，光线刺眼，所以适合选用绿色进行调和；东向的客厅适合以黄色调作为主色调；北向的客厅一般光照不足，用饱和度不高的红色或者橘色等暖色调，可以增添温暖的感觉；南向的客厅光照时间长，不宜用纯度较高的暖色调来布置，采用米白、纯白这样的颜色为主色调，可以减少火气，让人产生清爽之感。

▲朝向不同，客厅的色彩选择也有所不同

（2）色彩运用需和谐

在进行色彩设计时，一定要分清色彩之间的主次关系。通常客厅中颜色不要超出三种，否则会给人杂乱无章的感觉。

▶即使想要营造富丽华贵的客厅氛围，客厅的色彩不建议超过三种

❸ 客厅声环境

客厅作为住宅中人类活动较多的场所，是否具有良好的声环境会很大程度上影响人们休闲娱乐时的心情，因而可根据标准进行相应的隔声降噪处理，获得舒适的声环境。

室内的噪声标准 / dB（A）		
客厅	昼间	≤ 45
	夜间	≤ 35

❹ 客厅热环境

在冬季时，由于空气干燥，为使屋内适宜活动需要供暖，从而导致空气变得更干燥，因而在供暖时，可以采用加湿器保证一定的湿度。

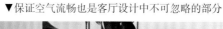

▼保证空气流畅也是客厅设计中不可忽略的部分

三、空间界面设计

客厅顶面、墙面、立面的设计不光是有实用性，鉴于客厅的特殊位置，界面的设计还要保证美观性，才能展现出整个住宅的风格风貌。

❶ 顶面设计

客厅顶面设计主要以沙发组合的位置为中心，利用一定形状的吊顶，有效遮蔽顶面上的梁架结构，将空调设备、管线等恰好隐藏在造型里面；同时结合照明设计，配合整体的风格造型，使得空间看起来富有层次感，从而起到辅助划分空间区域，加强流线的视觉引导作用。

▲小型客厅尽量少做吊顶，为免使小空间变得更压抑，基本以平顶的方式处理，局部可少量做一些点出层次

▲中大型客厅可选择局部吊顶，遮蔽一些设备系统，利用隐藏灯带拉出顶面层次。结合艺术吊灯，配合一些射灯或同等点光源，使客厅在整个空间处于中心位置的感觉

❷ 地面设计

　　客厅的地面设计一般来说与玄关、餐厅相关联，采取统一的材质与设计方案。由于客厅加上餐厅、玄关的面积比较大，在住宅中占主体地位，因此客厅地面设计将主导整个住宅的视觉效果。

　　客厅地面铺设的材料可选择的种类很多，如地砖、木地板、大理石等。除了常见的地面铺设材料以外，表现力丰富、质感舒适的地毯也成了客厅空间不可缺少的用品。

▲如果客厅面积不大，可选择面积略大于茶几的地毯，也可以选择圆形地毯

▲如果客厅空间较大，可以选择厚重、耐磨的地毯，将地毯铺设到沙发下面，以形成整体划一的效果

❸ 立面设计

客厅的几个围合立面中，最为重要的是电视背景墙，其次是沙发背景墙，它们在垂直面上主导了大面积的视觉效果。应充分考虑居住者的喜好、审美趣味、性格特点等加以精心设计，与顶面、地面的设计风格统一协调，用"适度装饰"的原则进行设计，配合电视柜与视听组合形成客厅的视觉焦点。

▲深蓝色的电视背景墙加上石膏线板，给人一种低调的精致感觉

▲将生活风景照片组成照片墙作为沙发背景的装饰，将居住者的喜好与客厅设计结合，展示出独特的立面设计

▲带有中式韵味图案的半透明屏风，起到分隔空间的作用，但又不会给人压抑的感觉

在一些住宅空间中，有时也需要一些隔断界面来分隔客厅与其他空间，比如餐厅或走道等，可以借助一些具有装饰性的通透墙体或陈列架等分隔元素，达到分而不断的效果，保持空间视觉上的延续。

▲带有通透性的格栅式隔断既能分隔空间，也不会对小型住宅增添拥挤感

第二节
客厅家具布置

一、常用家具尺寸

三人沙发	常见的三人沙发尺寸标准为：长度2130~2440mm；深度600~700mm；高度800~890mm	
双人沙发	常见双人沙发的尺寸标准为：长度1500~1800mm；深度600~700mm；高度800~890mm	
单人沙发	常见单人沙发的尺寸标准为：长度860~1010mm；深度600~700mm；高度800~900mm	
扶手椅	常见扶手椅的尺寸范围为：宽度400~440mm；座深大于460mm；座高400~440mm	
靠背椅	常见靠背椅的尺寸标准为：座前宽大于380mm；座深320~420mm；座高400~440mm	
茶几	常见茶几的尺寸标准为：长度600~1200mm；宽度380~520mm；高度520mm	
电视柜	常见电视柜的尺寸标准为：宽度800~2000mm；深度500~600mm；高度400~550mm	
收纳柜	常见收纳柜的尺寸标准为：宽度800~1500mm；深度350~420mm；高度1500~1800mm	

二、家具摆放形式与人体工学

客厅家具的布置需要考虑到的不光是美观度，还要符合日常活动的实际需求，同时要结合居住者活动的路线和尺寸来决定家具摆放的形式和布局的合理性。

❶ 常见客厅家具摆放形式

（1）沙发＋茶几

适用空间：小面积客厅。

布置要点：家具的元素比较简单，因此在家具款式的选择上，可以多花点心思，别致、独特的造型款式能给小客厅带来变化的感觉。

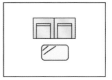

（2）三人沙发＋茶几＋单体座椅

适用空间：小面积客厅、大面积客厅均可。

布置要点：如果担心三人沙发加茶几的形式太规矩，可以加上一两把单体座椅，打破空间的简单格局，也能满足更多人的使用需要。

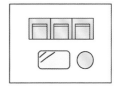

（3）L形摆法

适用空间：大面积客厅。

布置要点：三人沙发和双人沙发组成L形，或者三人沙发加两个单人沙发等多种组合变化，让客厅更丰富多彩。

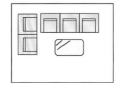

（4）围坐式摆法

适用空间：大面积客厅。

布置要点：主体沙发搭配两个单体座椅或扶手沙发组合而成的围坐式摆法，能形成一种聚集、围合的感觉。

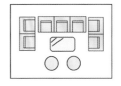

（5）对坐式摆法

适用空间：小面积客厅、大面积客厅均可。

布置要点：将两组沙发对着摆放的布局方式非常方便家人、朋友间的交流，面积大小不同的客厅，只需变化沙发的大小就可以了。

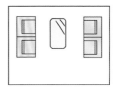

❷ 客厅家具与人体工学

（1）通行距离尺寸关系

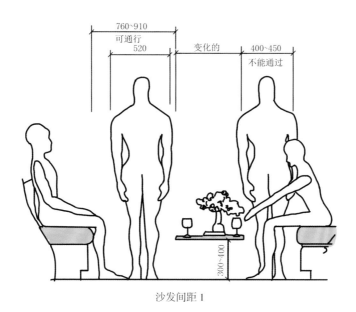

沙发间距 1

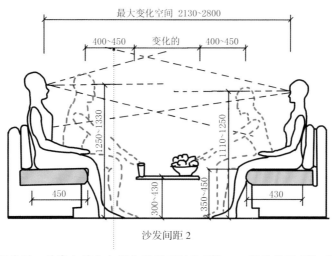

沙发间距 2

注：当正坐时，沙发与茶几之间的间距可以取 300mm，但通常以 400~450mm 为最佳标准

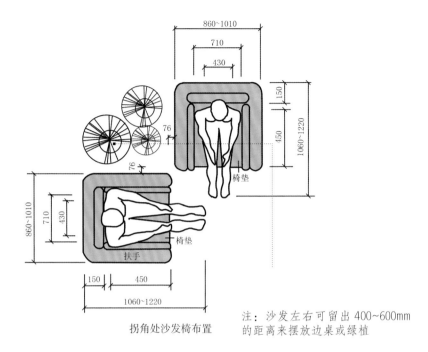

拐角处沙发椅布置

注：沙发左右可留出 400~600mm
的距离来摆放边桌或绿植

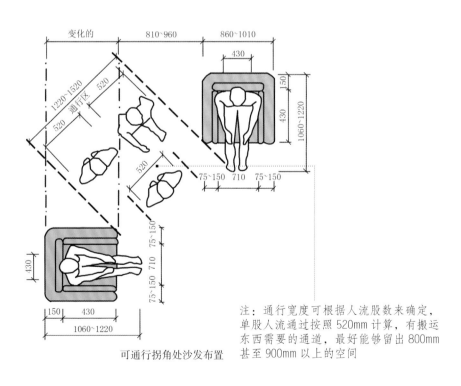

可通行拐角处沙发布置

注：通行宽度可根据人流股数来确定，
单股人流通过按照 520mm 计算，有搬运
东西需要的通道，最好能够留出 800mm
甚至 900mm 以上的空间

（2）拿取距离尺寸关系

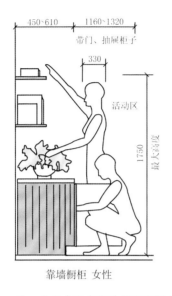

靠墙橱柜 女性

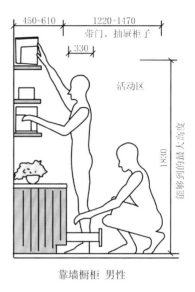

靠墙橱柜 男性

注：由于拿取东西时需要弯腰或者蹲下，因而需要在柜子前方预留一定的空间

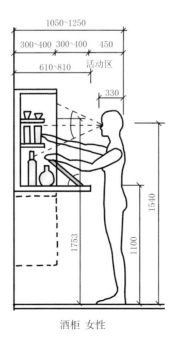

酒柜 女性

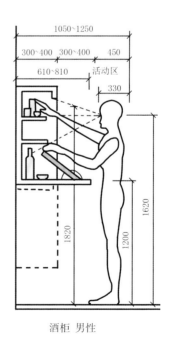

酒柜 男性

（3）陈列距离尺寸关系

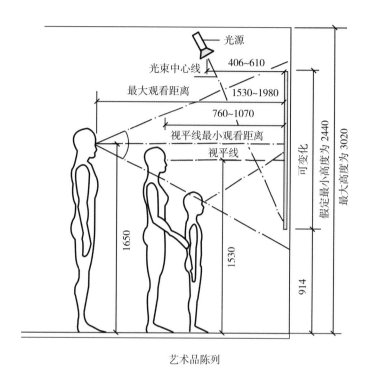

艺术品陈列

（4）视听距离尺寸关系

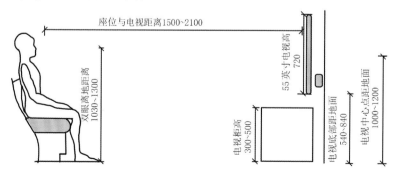

三、家具布置技巧

客厅通常以聚谈、会客为主体功能，辅助其他区域而形成主次分明的空间布局，往往是由一组沙发、座椅、茶几、电视柜围合而成，又可以用装饰地毯、吊顶造型以及灯具呼应达到强化中心感。因此客厅的家具布置要避免交通斜穿，可以利用家具布置来巧妙围合、分割空间，以保持区域空间的完整性。

① 先看客厅尺寸，再选择沙发组合

长方形的客厅，要选择 L 形样式的沙发、1+3+1 组合样式的沙发，可以充分地利用客厅的长度，规避客厅狭窄的宽度；正方形的客厅，适合选择围合式的、对坐式的沙发组合，这样可以使客厅布置得更加饱满，充分地利用好方正的客厅面积；形状不规则的客厅，宜选择小尺寸、多组合的沙发，通过沙发的自由摆放，来纠正不规则形状所带来的不良影响；面积较大或较小的客厅，沙发所占面积与客厅的面积比以 2 ：3 的比例最佳。

▲长方形的客厅可以选择 L 形的沙发，视觉上减弱空间的狭长感

▲围合式的沙发组合使客厅布置看起来更加饱满

❷ 茶几风格选择以沙发为基准

确定沙发风格后，再挑选茶几的颜色、样式来与之搭配，就可以避免桌椅不协调的情况。例如，皮质沙发可以搭配几何造型金属茶几，展现简洁硬朗的现代风格。如果不想居室风格过于沉闷统一，茶几的选择可以多样化。比如布艺长沙发可以选择与实木小圆桌搭配，既能活跃客厅气氛，又能节约空间。

▲客厅沙发使用了厚重低调的深棕色皮沙发，那么茶几可以选择造型小巧的实木材质来搭配，这样既能展现客厅本身风格，又能缓和沙发带来的沉闷感

▲灰色布艺沙发搭配实木小圆桌，同样都是干净简约的造型，但不同的线条感相互中和掉单一的感觉，同时也能节约不少空间

❸ 根据实际需要确定电视柜组合样式

陈列式组合电视柜可以避免视觉上的凌乱感，与电视柜连为一体的展示柜，可以让陈列品一目了然，同时也起到了主题墙的作用；电视柜与展示架分隔，一边是错落有致的展示架，一边安放电视，能增添空间层次感，带来不一样的客厅感受。也可以根据空间的大小，随意选择不同的组合方式：比如选择一个高架柜配一个矮几，可以形成不对称的视觉效果；或选择一个矮几配几组高架柜组成一面背景墙，可以丰富空间的电视柜设计元素，打造出多层次的视听效果。

▲若客厅面积较小，则可以选择体积灵巧的、能中和空间的狭长感的置物架作为电视柜使用，可以显得亲切温馨

▲将电视柜与电视机巧妙融合，不仅能起到装饰的作用，而且能节约空间

❹ 边几、矮凳补充，需要注意整体搭配样式

　　客厅面积足够时，除了摆放沙发、茶几、电视柜等家具以外，也可以利用边几、座椅或矮凳等小型家具对细节进行补充装饰。这样的组合形式不仅整体非常美观，实用性也颇高，但组合上要注意搭配形式，不能随意堆砌，可以采取高低错落的搭配方法，让客厅更有层次感。

▶利用高背座椅、组合茶几和矮凳，形成高低错落的样式，让客厅更有层次感

▼沙发旁摆放相同风格的边几和装饰物，使整体效果更丰富

第三节
客厅配饰设计

一、墙面装饰设计

由于墙面在住宅中占据较大的比重，相应地墙面设计就更能凸显一个住宅的特点。墙面的装饰有很多种，在客厅之中，除了对背景墙设计从而起到美化空间的作用，也可以通过一些装饰壁饰进行墙面设计。

❶ 装饰画

客厅中的装饰画通常挂在沙发背景墙上，数量宜精不宜多，通常不超过三幅，寓意积极向上，且符合整个空间的格调。客厅的大小直接影响着装饰画尺寸的大小。通常，大客厅可以选择尺寸大的装饰画，从而营造大气的感觉；小客厅可以选择多挂几幅尺寸较小的装饰画作为点缀。如果面积不大的墙面只挂一幅过小的装饰画会显得过于空洞，想搭配出一面大气的背景墙，可选择较大幅的装饰画，画面适当地留白，减缓视觉的压迫。

▲客厅装饰画的大小比例可以依据黄金比例来计算，用墙面的宽度和高度各自乘以 0.618 来计算

❷ 照片墙

客厅是接待访客最多的地方，将居住者喜欢的照片放在这里展示，可以使空间变得更温馨，也能向访客展示自己的生活故事。沙发背后的墙面一般比较开阔，如果想做成密集感的照片墙首选这里，可以轻松成为客厅的视觉焦点。

▶客厅照片墙的尺寸可以自己调节，但相框的颜色需要与整个住宅风格统一。如果相框数量多尺寸差异又大的话，选择上下轴对称为好，但不要形成镜面反射般的精准对称，这样会显得过于死板

③ 工艺挂件

　　客厅的工艺挂件在风格上统一才能保持整个空间的连贯性。将工艺挂件的形状、材质、颜色与同区域的饰品相呼应，可以营造出非常好的协调感。美式乡村风格客厅中通常会有老照片、装饰羚羊头挂件；工业风客厅中常出现齿轮造型的挂件；现代风客厅中，金属挂件是非常不错的选择；中式风格的客厅则常出现古典元素的陶瓷挂件。

▲美式风格工艺挂件

▲北欧风格工艺挂件

▲现代风格工艺挂件

▲地中海风格工艺挂件

二、布艺织物应用

客厅布艺的选择最好根据居住者的爱好，以及房间的采光条件、与周围环境相搭配等方面考虑，最好能取得平衡和稳定感，以达到锦上添花的效果。

❶ 窗帘

客厅窗帘不管是材质还是色彩方面都应尽量选择与沙发相协调的面料，以达到整体氛围的统一。如果想营造自然清爽的客厅氛围，可以选择轻柔的布质类面料；如果想营造雍容华贵的客厅氛围，可以选择丝质面料。客厅的光线如果比较强烈，可以使用厚实的羊毛混纺、织锦缎料窗帘，抵御强光；相反如果光线不足，可以选择薄纱、薄棉等窗帘布料。

▲纱帘加布帘是客厅常见的组合，白天拉上纱帘，保证采光；晚上拉上布帘又能确保客厅隐私

▲蓝色窗帘与抱枕、坐凳的颜色呼应，形成和谐的观感；稍厚的棉麻材质，十分适合带有简朴味道的北欧风格客厅

❷ 抱枕

抱枕是使沙发充满独特魅力的小装饰，沙发抱枕的摆放也不是随意而成的，除了需要在色彩上与沙发搭配，在大小上也要遵循一个原则：大的抱枕放在离视线较远的地方，小的抱枕放在离视线较近的地方。

▲抱枕也应该尽量由简单纹路、复杂纹路、立体感线条等多种样式组合在一起，这样才不会给人沉闷厚重的感觉

❸ 地毯

客厅是走动最频繁的地方，最好选择耐磨、颜色耐脏的地毯。同时，地毯的形状要与家居合理搭配。其中，方形长毛地毯非常适合低矮的茶几，令现代客厅富有生气。圆形块毯给原本方正的客厅增添了灵动之感。不规则形状的地毯比较适合放在单张椅子下面，能突出椅子本身。

▶地毯的花纹和色彩最好与沙发有所呼应，这样不会显得突兀

三、工艺摆件陈设

客厅通常是家居中面积最大的空间，工艺品的选择应大小结合，建议选择一些大型的、具有整体装饰风格代表元素的工艺品，放在较为突出的视觉中心的位置，例如背景墙上；如果觉得有些单调，还可以在一些几、柜的面层上，摆放一些小型的工艺品。

▲客厅选择的工艺品以大气、能够彰显居住者品味的类型为佳

四、绿植、花艺布置

客厅绿植、花艺的摆放也要注意高低的起伏，做到错落有致，可以不用在所有的花器上都插绿植或鲜花，零星地点缀反而会有更好的效果。

❶ 客厅绿植布置

客厅作为接待客人的空间，通常比较宽敞，可选择一株或者两株大型植物放在墙角处或沙发旁边，要注意摆放的位置不能影响室内行走和视线。

❷ 客厅花艺布置

客厅是接待访客、平日家人团聚的地方，因为空间相对开阔，相对地可以选择多种的摆放形式。客厅花艺除了要摆放在视线较明显的位置以外，还要注意尽量与窗帘、靠枕等布艺元素相呼应，给人一种整体感。

第三章
餐厅设计

餐厅设计好坏可以直接影响人的食欲，因此需要更加精心地选择搭配，最重要的是适合餐厅的氛围。

餐厅功能与设计

一、餐厅功能分区

现代餐厅除了传统、基本的日常就餐功能，往往还是家庭交流聚会的场所，成为起居室的延伸和扩展，也是客厅与厨房之间的过渡和衔接。餐厅的功能变得越来越多元化。

收纳区

现代餐厅还具有一定的收纳功能，多体现在餐柜上，用于收纳家庭零食、副食品、餐具等，作为厨房空间的扩展；同时也可以作为收纳酒类、精美餐具等物件的展架，可以在增添餐厅就餐氛围的同时，提升主人品位。

就餐区

餐厅所承担的最基本的任务就是提供舒适、轻松的就餐场所，使得一家人能在固定的场所完成餐饮活动。

交流、娱乐区

中国的餐饮文化原本就非常盛行，在经济高速发展的现代社会，家庭餐厅也逐渐成为家人之间的日常交流，或者亲朋好友间聚会、娱乐的场所。

二、餐厅环境设计

餐厅的设计，离不开对光、色彩、声音和温度的探究，只有充分了解这些因素，才能设计出舒适的用餐环境。

① 餐厅光环境

（1）适当的高度

吊灯不能安装得过高，光线重心要足够低，要使光线有一定的聚拢感，在就餐者的视平线上即可，具体可保持在距离桌面 650~1000mm 的高度范围。

▲在设计餐厅时，一般采用低垂的吊灯，可以打造团圆的气氛

（2）温暖的光线

为增加食欲，尽量采用显色指数较高的荧光灯或白炽灯，以黄色和橙色为主， 不仅可以获得柔和、舒适的光环境，还能激起人们的食欲。

▲使用暖色的灯光还可以使食物更加诱人、促进人的食欲

❷ 餐厅色彩

（1）根据功能选取色调

从功能方面考虑，餐厅使用色彩首先是为改善进餐者的食欲和心情，因而家具的色彩以略显活跃为佳，整体以暖色为主，黄色、橙色系比较理想。

▲暖色调的餐厅看上去温馨又温暖，蓝色和红色的座椅点缀，也增加了活力感

（2）根据空间大小选取色调

大部分餐厅为中小型空间，为提高和扩大空间的视觉效果，在色彩的选择上宜用浅亮的暖色和明快的色调。面积大的餐厅则可以适当选取深色的收缩色，让人产生适度的尺度感。

▶中小型的餐厅可以使用浅木色作为空间的主要配色，搭配白色的墙面，看上去清爽又宽敞

❸ 餐厅声环境

住宅中餐厅的声环境的核心内容是噪声控制，其标准为白天小于等于 55dB，夜晚小于等于 45dB，噪声控制在这个标准内可以不影响人的注意力，不对人形成干扰。

▶没有噪声的影响才能更好地享受美食

❹ 餐厅热环境

餐厅是人们就餐的场所，因为饭菜的温度较高、味道较浓，所以要保证餐厅适宜的温度和良好的通风。

- 温度：为了使人在就餐时感到舒适，餐厅内的温度一般控制在 23~27℃。
- 通风：餐厅的通风方式一般选择自然通风。自然通风可以去除餐厅的食品味道，也能防止病毒的传播。

▲保持通风或使用空调设备使温度达到舒适状态，保证用餐时的良好心情

三、空间界面设计

餐厅的界面设计要能够体现轻松、休闲的氛围，由于餐厅的人流活动比较多，所以材料的选择要注意耐磨性和易清洁性。

❶ 顶面设计

餐厅的顶面设计原则上应与餐桌椅的摆放方式与形态相呼应，一般来说顶面设计中心也应该以餐桌的中心或者轴线来设计，顶面的布局围绕此轴线或者中心来展开。一般将对应餐桌椅的区域视为第一个层次，对应通道的部分则是第二层次，对应走廊的区域则与对应通道部分相连以作为与其他空间划分的界线。

▲ 顶面的多边形吊顶设计以圆形餐桌为中心，搭配圆形的吊灯，便能突出餐厅的重点

▲ 分层吊顶围合出对应餐桌椅的核心区域，产生严谨的对应关系，以烘托用餐气氛

② 地面设计

餐厅的地面设计以呼应顶面设计为原则，同样以餐桌椅为设计中心，同时要照顾与其他空间的连贯性，注意与走廊的衔接，色彩与材质上与整体的设计效果相协调。其次，在材料方面，餐厅地面宜选用具有易清洁性的防水材质，一般可选用大理石、瓷砖、木地板等，要特别注意与走道或者客厅的材质衔接与收口。

▶餐厅与厨房的地面选择了相同材质的深色地板，这样整个空间看上去变得更加宽敞

③ 立面设计

餐厅立面设计的原则是注意与周围空间的整体效果取得协调统一。立面设计的重点在餐柜或者酒柜对应的墙面上，可适当选取与整体设计风格相呼应的材质与图案，配合餐边柜的高度与宽度做适当的立面造型设计，使之成为餐厅的视觉中心。材质上可以选择容易清洁、耐水防油污的。

▲餐桌对面的墙面不仅以酒柜和餐柜装饰，还摆放了色彩鲜艳的大幅装饰画，使之成为餐厅的视觉中心

第二节
餐厅家具布置

一、常用家具尺寸

长方桌	常见的长方桌尺寸标准为：长度850~2400mm；宽度600~1000mm；高度700~780mm	
方形桌	常见方形桌的尺寸标准为：长度600~1200mm；宽度600~1200mm；高度700~780mm	
圆桌	常见圆桌的尺寸标准为：直径800~1800mm（大圆桌）；700~780mm（小圆桌）；高度700~1800mm	
壁柜	常见壁柜的尺寸范围为：长度800~1800mm；宽度400~550mm；高度1500~2000mm	
餐边柜	常见餐边柜的尺寸范围为：长度800~1800mm；宽度350~400mm；高度600~1000mm	
餐椅	常见餐椅的尺寸标准为：座宽400~600mm；座深400~500mm；座高400~500mm	

二、家具摆放形式与人体工学

合适的餐桌椅柜的摆放，能够带来舒畅的用餐心情；方便快捷的餐厅动线设计，让享受美食变成一件更轻松简单的事情。

① 常见餐厅家具摆放形式

（1）独立式餐厅

适用空间：大面积餐厅。

布置要点：餐桌、椅、柜的摆放与布置须与餐厅的空间相结合，如方形和圆形餐厅，可选用圆形或方形餐桌，居中放置。

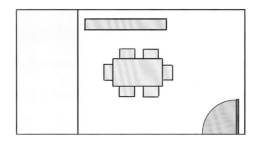

（2）一体式餐厅——客厅

适用空间：小面积餐厅。

布置要点：餐桌椅一般贴靠隔断布局，灯光和色彩可相对独立，除餐桌椅外的家具较少，在设计规划时应考虑到多功能使用性。

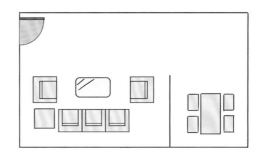

（3）一体式餐厅——厨房

适用空间：小面积餐厅、大面积餐厅均可。

布置要点：这种布局能使上菜快捷方便，能充分利用空间。因此，两者之间需要有合适的隔断，或控制好两者的空间距离。

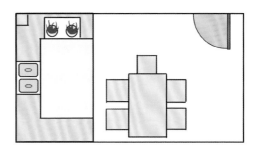

❷ 餐厅家具与人体工学

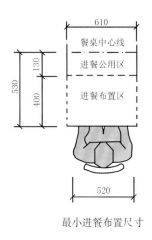

最小进餐布置尺寸

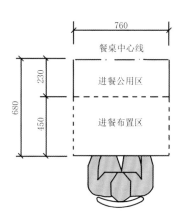

最佳进餐布置尺寸

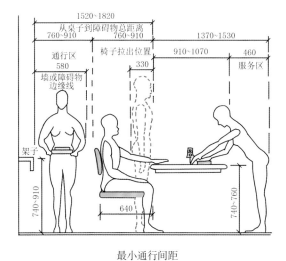

最小通行间距

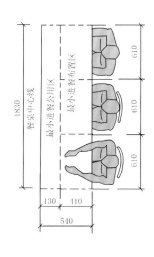

三人最小进餐布置

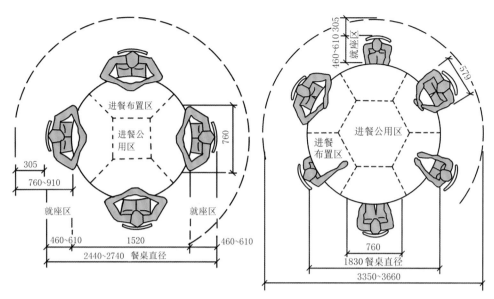

四人用圆桌（正式用餐的最佳尺寸圆桌）

六人用圆桌（正式用餐的最佳尺寸圆桌）

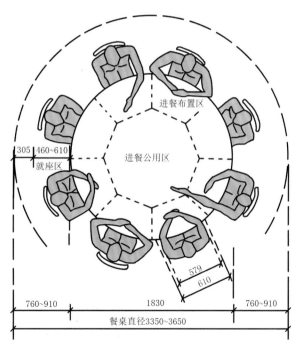

八人用圆桌（正式用餐的最佳尺寸圆桌）

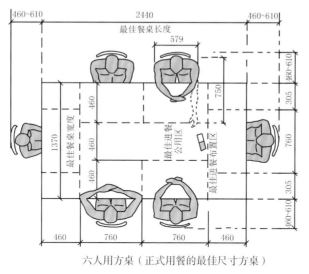

六人用方桌（正式用餐的最佳尺寸方桌）

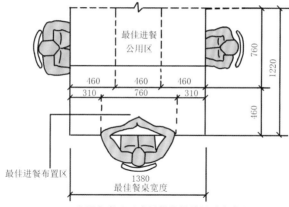

三人用方桌（正式用餐的最佳尺寸方桌）

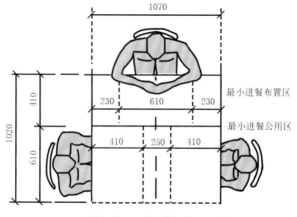

三人用方桌（正式用餐的最小尺寸方桌）

三、家具布置技巧

　　餐厅中的家具除了餐桌和餐椅外，还应该备有用于储物的柜子。与客厅不同的是，餐厅通常面积有限，因此在家具款式及材质的选择上要尽量与整体环境的格调一致，特别是小户型中的餐厅，最忌东拼西凑。

❶ 餐桌的大小，应当是餐厅面积的 1/3

　　当餐桌的大小是餐厅面积的 1/3 时，餐厅的整体设计更具有美感和协调感。同时，这种比例下的餐桌，可以最大化地满足多人同时使用的需求。若餐桌超出了这种比例，餐厅使用起来会非常拥挤，行走不便；若餐桌小于这种比例，餐厅就不会具有饱满的视觉效果，显得空旷且缺乏设计感。

▲当餐桌大小是餐厅面积的 1/3 时，空间会有饱满的视觉效果

❷ 餐桌椅的造型，要根据餐厅的面积来选择

餐桌椅的造型设计，往往会影响到餐桌椅的面积大小。在餐厅面积较大时，餐桌椅可以选择一些拥有精美雕花造型、优美弧线造型的样式，以填充餐厅多余的面积，使其丰富起来；在餐厅面积较小时，餐桌椅则要选择一些造型简单的、没有复杂雕花造型的样式，同时，餐桌椅的大小也要缩小，为餐厅留出充足的过道空间。

▲餐厅的面积如果不大，那么造型简单的家具会是不错的选择，不会给餐厅增加拥挤的感觉

▲餐厅面积较大，所以可以选择线条圆润、造型优雅的欧式餐桌椅，可以展现出欧式风格精致、轻奢的特点

③ 餐桌与灯具的搭配，保持风格一致才能更协调

　　餐桌和灯具要考虑一定的协调性，风格不要差别过大。比如用了仿旧木桌呈现古朴的乡村风，就不要选择华丽的水晶灯搭配；用了现代感极强的玻璃餐桌，就不要选择中式风格的仿古灯。

▲现代感强烈的餐桌椅，搭配上鱼线吊灯，给人简洁清爽的感觉

▲木质的餐桌呈现古朴的中式风情，古典形状的吊灯最能体现传统韵味

第三节
餐厅配饰设计

一、墙面装饰设计

　　餐厅的墙面装饰在色彩与形象上最好能符合用餐人的心情，选择增加食欲，比较明快、活泼的样式为佳。

❶ 装饰画

　　餐厅是家人们进餐的空间，装饰画的选择可以与墙面的差距略大一些，来增加一些活泼感，有助于增进人们的食欲。带有一些红、黄等暖色的画面效果会更好，但如果觉得过于刺激，则可以选择色调清新柔和、画面干净的类型。画面可与食物有关，也可以是风景、花卉、景物、自然风光等，让人心情愉悦即可，尺寸不宜过大。

▲餐厅悬挂多幅装饰画注意适当留白

▲装饰画的色彩可以与餐桌椅呼应搭配

❷ 工艺挂件

　　餐厅的工艺挂件应该注意要与空间的其他软装有所呼应，这样才能形成视觉上的连贯性。色彩或材质的相同，有利于空间氛围的营造与视觉感的流畅，使整个空间显得更加和谐。

▲在整体偏冷雅的餐厅中加入金色的壁饰能够表现华贵与温暖感，但注意金色不宜过多

▲木质壁饰自然环保，做旧的样式点明英式田园风格主题

❸ 挂镜

　　餐厅是最适合装饰挂镜的地方，因为餐厅中的镜子可以照射到餐桌上的食物，能够刺激用餐者的味觉神经，让人食欲大增。有些餐厅空间较为狭窄局促，小餐桌选择靠墙摆放，容易受到来自墙壁的无形的压迫感，这时可以在墙上装一面比餐桌宽度稍宽的长条形状的镜子，消除靠墙座位的压迫感，还能增添用餐情趣。

▶造型简练的挂镜也能够成为餐厅亮眼的装饰之一，同时对采光不好的餐厅而言，挂镜也能增补光线

▼挂镜对于面积不大的餐厅来说，不仅可以起到扩容的作用，而且还有丰衣足食的美好寓意

二、布艺织物应用

　　餐厅的布艺虽然没有客厅或卧室使用的频率那么高，但也是非常重要的组成部分。因此在设计时，除了根据住宅风格选择合适图案和色彩的布艺织物以外，还要注意与地面、家具的尺寸和谐。

❶ 窗帘

　　家居餐厅难免会有一些油烟和烹饪时产生的味道，建议选择方便清洁的材料，棉麻、混纺、铝合金等均可。款式的选择上，可以根据餐厅的面积来搭配，如果是小餐厅，可以使用罗马帘、百叶帘等，如果面积较宽敞，可以和客厅一样使用落地帘，一般来说，无需用纱帘，单层即可。

▲餐厅窗帘的色彩与吊顶和地毯相呼应

❷ 地毯

很多人对餐厅铺设地毯这件事很抵触，实际上只要选择方便清洗的款式就可以。在餐厅摆放地毯，不仅可以美化环境、增添温馨感，还可以避免桌子、椅子的腿部在发生挪动时，直接与地面摩擦而产生刮痕、划痕等，延长地面材料的使用寿命。而在选择地毯的尺寸时，应将餐椅拉开后的空间考虑进去，整个区域铺设。

▶餐厅整体色彩偏素雅，所以地毯的色彩可以丰富一点，以此增加活跃感

▼餐厅地毯的尺寸以餐桌的边缘线往外延伸出 0.5m 左右为佳

❸ 桌布、桌旗

　　桌布和桌旗较其他大件的软装而言，因其面积和用途不大，在居家设计中常容易被忽略，但它却很容易营造气氛。各种各样不同风格的桌布，总能给家居渲染出不一样的情调。

　　不同色彩与图案的桌布装饰效果不同，但通常色彩淡雅类的桌布比较百搭。如果使用深色的桌布，最好使用浅色的餐具，这样不会显得过于暗沉；如果桌布的色彩比较丰富，选择同色系的桌旗比较合适；如果桌布是单色，就要考虑用带有花纹的桌旗增添色彩，减少单一感。

▲单色桌布适合搭配有花纹的桌旗

小贴士
桌旗下垂尺寸 1.5m 的餐桌，桌旗下垂 25cm; 1.4m 的餐桌，桌旗下垂 30cm; 1.3m 的餐桌，桌旗下垂 35cm; 1.2m 的餐桌，桌旗下垂 40cm。

三、工艺摆件陈设

　　很多家庭的餐厅面积都不大，在墙面悬挂一面装饰镜是不错的选择，既能装饰又能扩大空间感。如果餐厅内设置有边柜、酒柜等收纳家具，可以在上面摆放一些小型的工艺品，与家居风格相符即可，数量不宜过多；想要趣味性强一些可以直接在墙面悬挂一组装饰盘，美观又符合餐厅的功能性。

▶餐边柜上的摆件应配合营造就餐氛围

四、绿植、花艺布置

绿植花艺的布置不但可以丰富装饰效果，同时作为空间情调的调节剂也是不错的选择，但在设计时也要注意不能影响用餐。

❶ 餐厅绿植布置

餐厅不适合摆放一些带有香味和异味的植物。如果餐厅面积够大，可以在角落摆放大、中型的盆栽；小餐厅选择小盆栽，也可以选择垂直绿化的形式，以带有下垂线条的植物点缀空间。

▶小餐厅可以选择将绿植放在墙面上，垂下的枝条可以营造别样的情趣

❷ 餐厅花艺布置

餐厅花艺主要摆放位置为餐桌，所以花艺的气味宜淡雅或无香味，以免影响味觉。餐桌上宜选用能将花材包裹的器皿，以防花瓣掉落，影响到用餐的卫生；花艺高度不宜过高，不要超过对坐人的视线；圆形的餐桌可以放在正中央，长方形的餐桌可以水平方向摆放。

▶圆形餐桌可以将花器摆在餐桌正中央，这样看上去更美观

第四章
卧室设计

卧室是室内空间中私密性最强，也是限制最小、最为个性的地方，需要营造良好的睡眠环境，使人感觉温馨、舒适。

卧室功能与设计

一、卧室功能分区

卧室是住宅中最具私密性的房间，这就要求在设计时要符合隐蔽、安静、舒适等条件。卧室的功能可以兼具多种，主要功能是睡眠和休息，因而在设计时要注意区分功能点，并合理布置家具，保持便利性，以保证居住者身心愉悦。

储物区

居住者每日就寝前、起床后都有更衣梳妆的行为，卧室也有储存衣物、被褥、隐私物品，以及更衣梳妆的要求。卧室的收纳讲求私密与开放并存。因此，除了通过衣柜、斗柜、搁架这些大件的储物家具来收藏衣物之外，挂钩也是不可或缺的一种收纳方式

睡眠区

以床为核心，为居住者提供舒适的休息区域

休闲区

居住者可以在此空间内进行一些娱乐活动，如游戏、欣赏风景等

二、卧室的类别及设计要点

卧室根据居住者和功能的不同，可分为主卧室、儿童房、老人房、客卧等。针对各类人群的生理和心理特点，设计方式各有不同。

① 主卧室

主卧室是指家庭中主人的休息、睡眠空间，应该是整个住宅中最为隐私、功能最全的卧室，一般布置在整个住宅的尽头，最安静、私密的位置。主卧室在满足基本的睡眠、衣物收纳的基础上，应尽可能地提供给居住者私密、专属、关怀的多层次休闲活动。

▶主卧室空间较大，设置床尾凳，给居住者舒适享受

▲一般主卧室有单独的盥洗空间，空间再大一些的主卧室可单独分割出衣帽间、休闲区、阅读区等，这样可以使主卧室与其他空间保持相对的独立性，使用起来也更加舒适

② 儿童房

（1）儿童房的设计原则

由于儿童的生理尺度和行为习惯都与成年人不同，孩子的健康成长离不开儿童房，因此，儿童房装修显得尤为重要。而儿童房装修的空间布局，关系到儿童房装修的进度以及整体效果。

● 儿童房以可变、适应性为基本思想

儿童房的空间布局必须要考虑儿童的行为习惯，虽然房间面积不大，却是一个多功能的空间。首先，它是个卧室，就具备一个最基本的功能——睡眠，应在儿童房给孩子创造一个良好的睡眠环境，灯光尽量要柔和，并以布置反射光源为宜。

▲儿童床的选择要花些心思，为学龄前孩子选择的床要注意安全性，选择带护栏的床，以免孩子翻滚跌到床下，造成伤害

● 儿童房要有玩乐空间

儿童房也是个玩耍的场所，对孩子们来说，玩耍是生活中不可缺少的部分，所以儿童房装修要规划一个较为宽敞的玩耍空间，可以摸、爬、滚、打，无拘无束。

▶在空间布局中，可以把床、书桌、柜的长边靠墙，在地上铺上一块地毯，玩耍的空间就出来了

• 儿童房需充满学习氛围

儿童房也是孩子学习的场所，而且学习区要做的生动有趣，才能激起孩子学习的欲望。比如卡通的玩具书桌，动物造型的书柜门，这些都能引起孩子们的学习兴趣，同时还要准备台灯等辅助阅读工具。

▲儿童房的设计，重点在于学习与娱乐结合

• 儿童房需满足储物功能

儿童房要有储存功能。孩子身体长得很快，衣物更新得也快，孩子的玩具很多，所以儿童房空间布局要有一个储物柜，最好能兼顾玩具展示功能。

▲开放式的衣橱可以让孩子自己动手收拾、挑选衣物

（2）不同阶段的儿童房设计

● 0~6 岁婴幼儿

为 0~6 岁婴幼儿所设计的儿童房还无须强调性别特征，但房间的色彩和图案一定要具有可看性，让懵懂的孩子乐在其中。最好与自然界中太阳、月亮、星星、花草等图案相联系，像在天花板挂上月亮星星造型的灯，启发孩子对色彩和物品的初步认识。

▲ 这个时期儿童房的色彩也不应太过鲜艳，以免过于刺激孩子的视觉

● 7~12 岁儿童

这个时期儿童的智力与活动能力得到进一步的提升。还有另一个明显的特征，就是他们开始懂得性别区分，很强调自己是男孩子或者是女孩子。因此，在为这个年龄阶段的孩子设计儿童房的时候，应当充分考虑他们这一心理，为他们打造截然不同的生活和游戏空间。

一般来说，男孩子和女孩子对于色彩的感受比较明显，男孩子喜欢蓝色、淡黄色和绿色，而女孩子则明显更喜欢粉色和紫色，因此可以适当参考他们的喜好，在顶面、墙壁、家具等区域使用他们喜欢的色彩。

▲ 这个年龄阶段的孩子玩具较多，因此在儿童房内开辟一块可供游玩的小型游戏区，并设置一个摆放玩具的玩具架，不至于让儿童房显得过分凌乱

▲女孩房相对于男孩房，更偏向于使用淡雅的色彩以及柔软的材质。粉色系、淡黄色系都是具有代表性的色彩，而抱枕、玩偶也是女孩房经常出现的装饰

● 13~18 岁青少年。

这个时期的孩子正属于向成人过渡的青少年时期，心理和身体都逐渐趋向于成人，但又保留着青春期阶段独有的特征和个性。在设计上应保证青少年的私密空间，且保证有足够的学习空间。

❸ 老人房

　　老人房的设计原则，主要以安全方便为首要目标。与儿童房不同，老人房可能不需要过多的功能，但是一定要能给居住者一个安静、舒适的休憩环境。

（1）家具安全方便

　　老人房尽量不要使用高柜，如果有吊柜，柜体进深要浅，便于老人存取物品；家具有多分格，老人记性不好，多格或多抽屉最好设有标签，易于老人查找；沙发、椅子要有扶手，方便老人起立。

▲设置方便老人放置手中物品的桌子或柜子，这类设置应以圆滑、牢固的造型为主

（2）空间隔声

　　老人的一大特点是好静，对居室最基本的要求是门窗、墙壁隔声效果好，不受外界影响，要比较安静。老人房的设计也要因人而异，比如家里有爱看书的老人，那么房间设计成书斋型卧室。

▶老人房可以多用布艺装饰，也能有吸声的作用

（3）照明柔和

由于老年人一般不喜欢灯光直射，所以筒灯、射灯等直接刺激视网膜的灯最好不用，一般选择漫反射的光源或者看不到灯泡的台灯等。老人房的灯光不能暗，因为老人的视力不太好。

◀老年人一般夜里喜欢起夜，最好能让开关控制离床头比较近，方便老人操作

（4）空间以中性色为主

一般来讲，老人房的用色以暖色为主。色调选自然景色系，如蓝灰、绿灰色、米黄等柔和的色调，给人一种舒适感。大多数老人房间采用中色系，太冷的色系容易给老人一种孤独寂寞感。

◀如果采用艳丽色，很容易刺激老人的眼球和脑神经，给人不平静感

④ 客卧

客卧的设计相对于其他卧室并没有那么复杂，由于客卧的未来变化性比较大，所以在设计时最好以简洁方便为主。

（1）设计简洁实用

因为是客卧，所以在设计上不用像其他房间一样突出风格。简洁的设计易于打理，只需要有舒适的床、灯光、简单家具，让客人能够得到充分的休息就可以了。

▲客卧没有过多的设计元素，但风格上还是与其他空间保持一致

（2）利用空间提高收纳功能

正因为客卧不经常使用的性质，可以设计一些具备收纳功能的空间，将主人不常用的物品放置在里面，会很大地减轻其他几个主要房间的压力，不让空间变得凌乱。

▶布置时只需要给客人预留一定的放置个人物品的空间，其他的空间都可以充分地利用起来

（3）家具可随时改造搬移

　　如果家庭成员发生变化，客卧可能需要改造成其他功能的房间。所以，客卧中尽量使用具备灵活改造功能的家具，可以通过变化随时变成婴儿房、书房或者其他房间，从而增加房间的使用率。

▲可拆卸的衣柜比成品衣柜更方便移动，这样房间的用途就可以多样化

▲小巧的家具方便日后改造移动

三、卧室环境设计

卧室的环境设计至关重要，这直接决定居住者睡眠的质量，所以在设计时要充分考虑居住者的睡眠习惯，设计出最适合的卧室环境。

❶ 卧室光环境

卧室是家庭中主人休息的空间，在照明设计时应根据房屋的使用特点、家庭行为习惯等实际情况进行人工照明的针对性设计。

睡前照明

卧室是私密空间，它的平均照度应适当低于客厅，夏季可控制在 50~75lx，冬季可适当提高照度，建议控制在 100~150lx，春秋季可根据需要介于二者之间

睡前照明

这一阶段卧室是主要活动空间，因而，为提高入睡后的睡眠质量，这一阶段应适当调暗房间内的灯光，建议照度控制在 30~50lx

深夜照明

深夜去卫生间时，尽量避免开启主光源，最好的方法是开启夜灯，减少对继续睡眠的干扰。对于老年人来说，开关要布置在床头易操作的位置

注：在照明方式比较单一的情况下，尽量不要把吊灯布置在床的上方，或者采用灯罩进行遮挡，这样人在床上躺着时，能避免灯光刺激眼睛。在顶面上装置小灯或者灯带，能为整个房间提供很好的环境光

❷ 卧室色彩

卧室色彩运用要考虑不同居住者的性格，这就需要遵循一定的规律。只有掌握不同居住者的个性及对色彩的不同心理要求，才能把卧室色彩的运用更加和谐美观地展现在人们的面前。

性格与卧室颜色对照表

性格种类	卧室色彩	作用
开朗活泼、热情	暖色、亮色（红、黄、橙）	保持活力、积极向上
内向、宁静	中性色、（淡蓝、浅紫、灰）	变得稳重
奇特、孤僻	暖色（浅黄、红、粉色）	兴奋愉快、增强自信
沉闷、忧郁	绿色、红色	使得胸襟开阔
自傲、狂妄	黄色、紫色、黄绿色	安静低调、虚心上进

❸ 卧室声环境

卧室是人们停留时间最长的地点，噪声过大会影响人的睡眠和新陈代谢，从而不能很好地生活和工作，因而在设计时要考虑到卧室的防噪声和隔声，尽量减少噪声对人的干扰。

卧室噪声标准 /dB（A）		
卧室	昼间	≤ 45
	夜间	≤ 30

❹ 卧室热环境

卧室的热环境主要取决于房间的朝向以及楼层。通常南向房间要比北向房间温暖宜人，中间楼层要比顶层和底层干燥舒适。为保证舒适的热环境，可以通过供暖、制冷、通风的手段达到目的。

▶卧室的热环境直接影响睡眠质量

四、空间界面设计

卧室的界面设计应与整体设计风格相协调，由于卧室是给居住者提供舒适、宁静的休息环境，应让人保持心情平缓，因此卧室界面的设计应该偏向和平而舒适的感觉。

① 顶面设计

卧室的顶面设计主要依据卧室整体风格而定，而符合整体造型需要的前提下，以床为视觉设计中心，制造一些简洁的层次，特别注意如床体上方有梁架穿过，一定要利用吊顶设计合理遮蔽，将顶面处理成柔和的平板效果。

▼卧室的吊顶应以简洁为主，有效遮蔽结构与管线

② 地面设计

卧室地面设计一般以简化处理为原则，衬托整体设计风格，做大块面的材料铺贴，符合卧室静音、洁净的居住要求。一般可根据整体风格决定地面设计，如欧式风格可选用石材或仿古瓷砖加地毯点缀；中式风格可选用木地板；现代风格则可以选择木地板、瓷砖、地毯等各种材质来营造现代感。

▲木地板是卧室地面最常使用的材料

③ 立面设计

卧室立面的设计重点主要是床体后墙，以及床体后墙对面的墙体。无论是古典欧式还是中式的卧室，基本视觉中心都在床头床尾对应的两个立面墙体上，适当地做些与整体风格相协调的设计，能增加卧室设计趣味与整体协调性，但不宜大费周章地做造型，破坏卧室安静的休息气氛。

▶卧室墙面使用涂料彩绘，效果突出又能营造更多的细节感

第二节
卧室家具布置

一、常用家具尺寸

双人床	常见的双人床尺寸标准为：长度2050~2100mm；宽度1350~1800mm；高度420~440mm	
单人床	常见单人床的尺寸标准为：长度2050~2100mm；宽度720~1200mm；高度420~440mm	
双层床	常见双层床的尺寸标准为：长度1920~2020mm；宽度720~1000mm；高度400~440mm（层间高大于980mm）	
婴儿床	常见婴儿床的尺寸标准为：长度700~1000mm；宽度600~700mm；高度900~1100mm	
双门衣柜	常见双门衣柜的尺寸标准为：长度1000~1200mm；宽度530~600mm；高度1800~1900mm	
三门衣柜	常见三门衣柜的尺寸标准为：长度1200~1350mm；宽度530~600mm；高度1800~1900mm	
梳妆台	常见梳妆台的尺寸范围为：长度850~1200mm；宽度大于500mm；高度1000~1600mm	
五斗橱	常见五斗橱的尺寸标准为：长度900~1350mm；宽度500~600mm；高度1000~1200mm	

二、家具摆放形式与人体工学

卧室的布置需要综合考虑卧室的形状、面积、门窗位置等因素，为了给居住者创造良好的卧室环境，在设计时要结合多方面情况，选择最适合人体睡眠的布置设计形式。

❶ 常见卧室家具摆放形式

（1）正方形小卧室

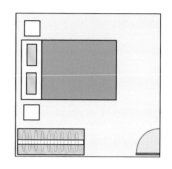

适用空间： 小面积卧室、大面积卧室均可。

布置要点： 一般 10 ㎡左右的卧室，床可以放中间，将衣柜的位置设计在床的一侧。两边留 50cm 左右的空间才足够；10 ㎡大的卧室要采用双人床的话，要预留三边的走动空间，这种摆设比较容易。

（2）横长形小卧室

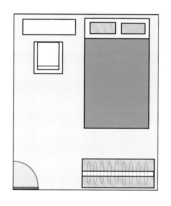

适用空间： 小面积卧室、大面积卧室均可。

布置要点： 若卧室小于 10 ㎡，则建议将床靠墙摆放，衣柜靠短的那面墙摆放，这样可以节省出放置梳妆台或是书桌的空间。同时，可采用收纳型床或榻榻米，这样床底可用来存放棉被等物品，做到把收纳归于无形。避免因为太多杂物而干扰动线。

（3）横长形大卧室

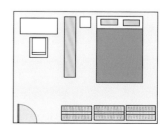

适用空间： 小面积卧室、大面积卧室均可。

布置要点： 若卧室的空间超过 16 ㎡，可把衣帽间规划在卧室角落或是卧室与卫浴间的畸零空间里；也可利用 16 ㎡的大卧室隔出读书空间或者是休闲空间。一般卧室内的间隔最好采用片段式的墙体、软隔断或家具来分隔，这样能最大限度地保证空间的通透性。

❷ **卧室家具与人体工学**

（1）床的尺寸

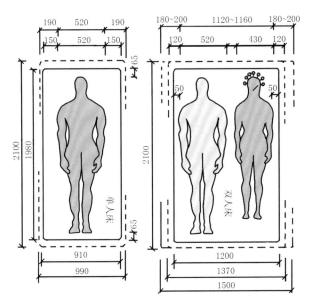

单人床与双人床

（2）人与床的尺寸

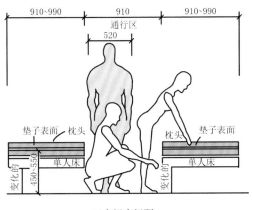

双床间床间距

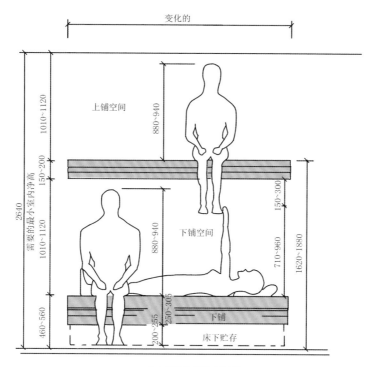

成人用双层床正立面

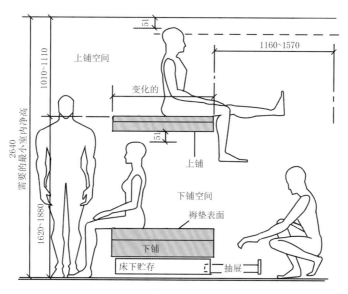

成人用双层床侧立面

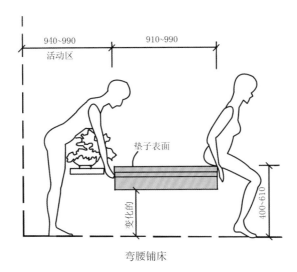

弯腰铺床

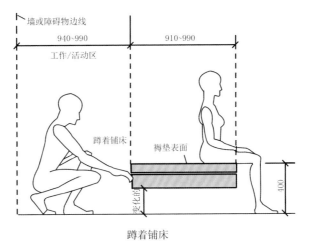

蹲着铺床

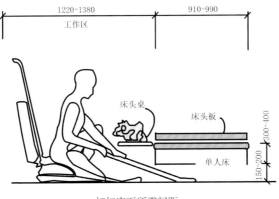

打扫床下所需间距

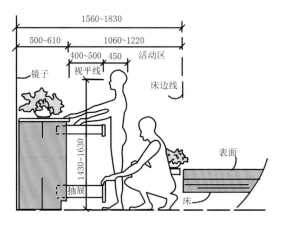

小衣柜与床的间距

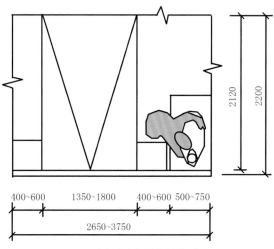

床与床头柜的位置关系

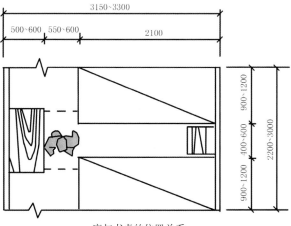

床与书桌的位置关系

（3）人与桌椅的尺寸

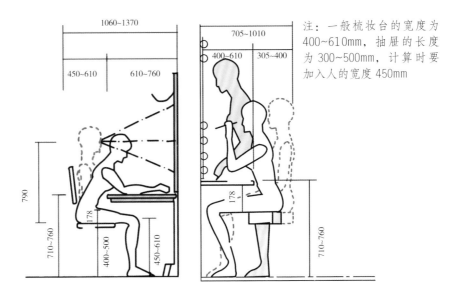

注：一般梳妆台的宽度为400~610mm，抽屉的长度为300~500mm，计算时要加入人的宽度450mm

梳妆台使用尺度

（4）衣帽间尺寸

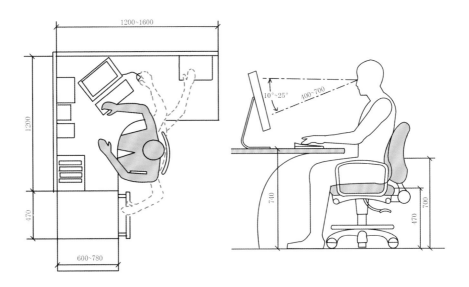

含电脑的书桌使用尺度

❸ 儿童卧室人体尺寸

儿童活动尺寸

儿童用双层床

注：对于双层床铺，更应注重两层之间的距离，保证足够的活动空间，才不至于碰到头部。通常，双层儿童床附带围栏、梯柜等配件

❹ 老年人卧室人体尺寸

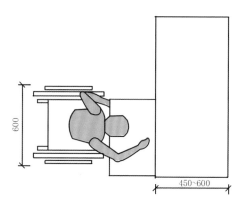

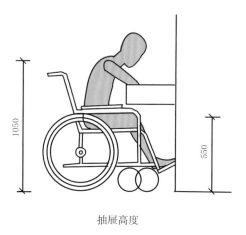

抽屉高度

注：由于坐轮椅的老人膝盖要比正常情况下高40~50mm，且由于在轮椅上，视点较低，因而抽屉的位置应高于膝盖，低于肩膀

穿鞋尺度

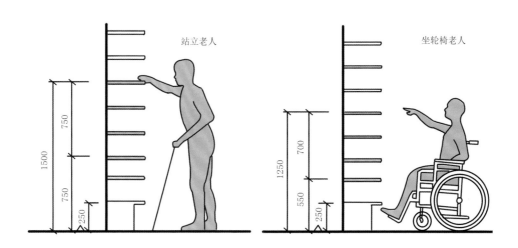

站立老人

坐轮椅老人

不同老人取物尺度

注：由于年龄增长，相对来说老年人平均身高较矮，因而柜子的高度宜尽量做得矮一点

三、家具布置技巧

卧室是家居空间中私密性最强的，也是限制最小、最为个性的地方，需要营造良好的睡眠环境，使人感觉温馨、舒适。家具的布置除了满足睡眠的需求，还应具备一定的储物功能。另外，需要注意的是卧室家具色彩不宜过多，忌花里胡哨，从而避免影响睡眠质量。

❶ 床与卧室内的家具，宜形成互补与搭配

当床选择实木材质的款式时，卧室内的其他家具宜选择与床同样色调或纹理的材质，这样可以保证卧室设计的统一性，床的设计美感也能体现出来。若纹理和材质不一致，也应具有协调感，否则卧室整体会显得杂乱，无论床的造型多么精美，也无法体现出来。

▲床和床头柜均为米色，整体上十分具有协调性

▲浅色实木床与浅色实木床头柜形成设计的统一感，给人舒服的视觉感受

❷ 在设计床头背景墙之前，应选好搭配的床

很多家庭在设计卧室时，床头背景墙与床不搭配，床与背景墙的宽度不一致，同时床的设计样式与背景墙无法协调。为了避免这种情况，应当先选好床，再根据床来设计床头背景墙，这样设计出来的卧室才具有统一的设计美感。

▲背景墙和床头为同色系时，可以营造出平和、协调的氛围

▲皮面背景墙与实木床头形成浓郁的异域风情

第三节
卧室配饰设计

一、墙面装饰设计

卧室墙面装饰的设计应以让人心情缓和宁静为佳，尽量避免能引发思考或浮想联翩的题材及让人兴奋的亮色。墙面装饰数量不在于多，过多的设计会让人眼花缭乱，最好做到少而精。

❶ 装饰画

卧室的整体氛围宜柔和、舒适，所使用的装饰画配色和画面不宜过于个性、刺激，淡雅、舒适的款式最佳。通常最佳位置是床头墙或床头对面的墙壁上，数量不宜过多，单幅或5幅内最佳。

▶卧室床头墙上适合悬挂让人心情缓和宁静的装饰画

▲卧室床侧墙上挂画，打破常规的设计富有新意

❷ 照片墙

　　卧室照片墙的设计可以更轻松自由一点，照片不一定铺满整面墙，也可以布置于墙面的一侧，相框颜色与家具的颜色相呼应，使整个空间的搭配更加和谐。通常的做法是在床头墙上单独挂一张超大照片，如果还显得太空，可以放上一横一竖两张主图，再以几张小图填补空白，既不失简洁，又有错落感。

▶利用卧室上方布置照片墙，可以使空间看上去更加紧凑

❸ 工艺挂件

　　由于卧室的功能特点，所以工艺挂件的色调不宜太重太多，图案尽量简单干净、颜色较为沉稳内敛，这样更容易给人宁静和缓的感觉。如果用工艺挂件装饰卧室的背景墙，墙面最好是做过硬包或者软包的，这样效果更加精致，但底色不能太深或太花哨。

▲卧室中使用挂钟装饰，不仅要考虑到尺寸大小和外观造型是否符合整体风格，而且一定要考虑选择静音机芯的挂钟

二、布艺织物应用

布艺织物在卧室占有很大的比重，同时也是卧室最亮丽的风景，搭配正确能给卧室增添美感与活力。

① 窗帘

为了让睡眠品质更高，卧室适合选择遮光性佳且隔声效果较好的窗帘，例如植绒、棉麻等材料，通常来说，布料越厚吸声效果越好，如果是欧式卧室，还可直接使用百叶窗。窗帘容易吸纳灰尘，如果是儿童房则建议选择易清洗的材料。

▶纱帘加布帘是卧室最为普通的组合，布帘用来遮挡光线；纱帘可以用来营造浪漫情调

▲落地式的丝质面料窗帘，是营造华贵浪漫氛围的最好帮手

❷ 地毯

　　地毯可以从舒适度上来考虑，因为卧室走动少，一些短毛的、长毛的厚实羊毛地毯是非常适合使用的，皮毛地毯也可以考虑，除了块毯还可以整体铺设。它的铺设位置可以根据形状来决定，如果是圆形或者不规则形状，可以放在床尾也可以放在床的一侧；如果是长条形的，适合放在床尾，让两只床脚压住一部分。

▲卧室床尾放置地毯

▲卧室地面满铺地毯

❸ 床品

床品首先要与卧室的装饰风格保持一致，自然花卉图案的床品搭配田园格调十分恰当，抽象图案则更适合简洁的现代风格。其次，为了营造平和的睡眠环境，床品的选择最好与卧室墙面以及家具的色彩相同或色调相近。在材质上，如果选择与窗帘、抱枕等布艺相一致的面料，可以使卧室更有整体感，无形中增加睡眠氛围。

▲纯白色系列的床品通常会带来比较健康、有质感的感觉

▲高档舒适的提花面料床品自带大气奢华的味道

三、工艺摆件陈设

　　卧室内工艺品的最佳摆放位置是斗柜的柜面上，选择一些小型工艺品，既能丰富室内的装饰层次又不会妨碍正常活动；床头柜如果使用频率很高，不建议摆放工艺品，很容易碰倒掉落，反而增添麻烦。

▲卧室床头柜上的摆件不宜过多，避免影响睡眠氛围

▲儿童房的床头尽量以照明陈设为主

四、绿植、花艺布置

绿植、花艺设计始终注意要能够营造良好的睡眠环境，选择让人感觉温馨的花器，搭配优雅平和的植物，才能使卧室看上去更加舒适、温馨。

❶ 卧室绿植布置

卧室是用来休息的地方，在选择植物时需要注意避免选择释放有害气体、有香味、带尖刺或者大量释放二氧化碳的植物，避免大型植物，尽量选择小型植物。

▶大型的宽叶绿植使东南亚风格的卧室充满了自然的生机感

❷ 卧室花艺布置

卧室摆设的插花应有助于创造一种轻松的气氛，帮助人们尽快缓解一天的疲劳，插花的花材色彩不宜刺激性过强，宜选用色调柔和的淡雅花材。

▲卧室床旁一侧的床头柜上摆放一小盆花艺，与色彩丰富的照片挂画形成呼应

第五章
书房设计

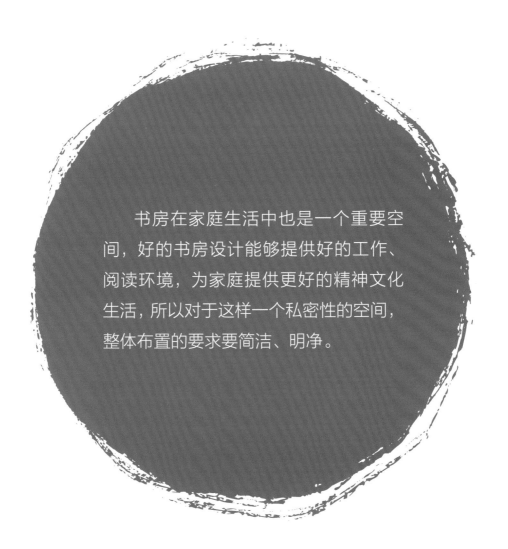

书房在家庭生活中也是一个重要空间，好的书房设计能够提供好的工作、阅读环境，为家庭提供更好的精神文化生活，所以对于这样一个私密性的空间，整体布置的要求要简洁、明净。

第一节
书房功能与设计

一、书房的功能

书房又称家庭工作室，作为阅读、书写以及业余学习、工作的空间。书房是为个人而设的私人天地，最能体现居住者习惯、个性、爱好、品位和专长的场所。功能上要求创造静态空间，以幽雅、宁静为原则。同时要提供主人书写、阅读、创作、研究、书刊资料储存以及会客交流的条件。

▲许多家庭在装修家居时，都会专门辟出一间作为书房。即使面积较小的，也会在客厅辟出一个区域作为学习和工作的地方，用书橱隔断，或用柜子、布幔等隔开

二、书房环境设计

书房的环境设计中，光线和噪声是最关键的两个部分，良好的照明设计是工作、阅读的基础，而防噪声的设计可以为书房带来安静的环境。

① 书房光环境

（1）书房主灯不宜过亮，以光线柔和为宜

考虑到书房是读书的场所，如果主灯过亮或者过于刺眼反倒不利于读书者集中注意力与产生舒适感，会使读书者感到烦躁、不静心，有读书事倍功半的反效果。因此建议在书房主灯的选择上不要过于追求亮度，应该以灯光柔和为宜，搭配台灯、落地灯来辅助照明。这样可以促进读书的效率，同时也能够使读书者以一种平静安逸的心态汲取知识、扩展自身。

▲自然舒适的光线、辅助柔和的台灯照明，让读书者更能静心学习

▲射灯搭配台灯与可移动的壁灯，多种照明方式辅助阅读，带来更舒适的感觉

（2）在点光源足够的情况下，书房可以不要主光源

书房不像客厅或餐厅等空间，需要华丽的主灯来渲染空间气氛。其对照明的美观度要求不高，相反的，书房需要营造静谧、舒适的氛围。基于这一要点，书房可以不要主光源，而采用台灯、落地灯以及筒灯、射灯来代替吊灯、吸顶灯，将照明的光源更多地集中在书桌上。

▲舍去主光源，只在书柜以及阅读椅进行局部照明，使环境看上去更加平和宁静

② 书房色彩

书房是学习、思考的地方，配色上宜选择较为明亮的无彩色或灰棕色等中性色，尽量避免强烈、刺激的色彩。家具和饰品的色彩可以与墙面保持一致，并在其中点缀一些和谐的色彩，如书柜里的小工艺品、墙上的装饰画等，这样可打破略显单调的环境。

▲同样鲜艳的黄色出现在椅子与饰品上，这样小面积的点缀在木色调的书房中既不会太跳跃又显得很有韵律

▲书房用色主要以白色、浅木色为主，中性色调为书房奠定了稳重的基调；而不经意处的红色座椅和绿植则为空间注入了活力

③ 书房声环境

书房相对于客厅、餐厅等空间，相对需要安静，但又没有到卧室的安静程度，所以设计噪声控制的标准为白天小于等于 45dB，夜晚小于等于 30dB。

④ 书房热环境

书房在夏季送冷时，不要使室内温度降过了头。过量的冷气会使人感到不舒服，很难集中于阅读工作等有关脑部的工作，一般室内外温差控制在5℃以上，最多也不应超过7℃。

▲良好的通风可以使书房环境变得更加舒适，更有利于思考和阅读

三、空间界面设计

书房的界面设计除了要与住宅整体保持一致以外，还要能够营造出一个良好的阅读、工作、学习的环境，所以在界面设计及其材料选择上，要特别注意环保、隔声等问题。

❶ 顶面设计

书房的吊顶宜简不宜繁、宜薄不宜厚。做独立吊顶时，吊顶不可与书柜离得太近，否则给人压抑感。书房吊顶色彩以统一、和谐、淡雅为宜，对局部的颜色搭配应慎重，过于强烈的对比会影响人休息和睡眠的质量。

▶白色吊顶加上紫色涂料点缀，形成简洁又有设计感的顶面样式，也能很好地与其他空间区别开来

❷ 地面设计

地面材料最好选用实木地板，冬暖夏凉，比较贴近自然。但实木地板价格较贵，且不易打理，因此复合地板也比较适合。另外，用瓷砖铺贴卧室地板也很常见，镜面砖还可以大大提高房间的亮度，适合采光不好的卧室。

▶实木复合地板脚感舒适度要求，也能创造温和舒适的书房环境

❸ 立面设计

　　书房立面的设计主要手法就是将卧室装修设计"移植"过来。配色上应该以宁静、和谐为主旋律。材料的选择范围可以很广，任何色彩、图案、冷暖色调的涂料、壁纸均可使用；值得注意的是，面积较小的书房，材料选择的范围相对小一些，小花、偏暖色调、浅淡的图案较为适宜。同时，书房立面设计要考虑材质与家具材质和其他饰品材质的搭配，以取得整体配置的美感。此外，书房是一个讲求安静和独立的空间，在做空间分隔设计时，也应考虑这一要素。除了半隔断墙面，也可以利用玻璃进行分隔，既可以有效分隔空间，又可轻易实现空间的私密性和开放性。

▶ 书桌椅后充满个性化的墙面设计使书房看上去与众不同，但其位置的特殊性，即使过于花哨也不会影响使用者正常的学习、阅读

▲良好的通风可以使书房环境变得更加舒适，有利于思考和阅读

第二节
书房家具布置

一、常用家具尺寸

双柜书桌	常见的双柜书桌尺寸标准为：长度1200~2400mm；宽度600~1200mm；高度780mm	
单柜书桌	常见单柜书桌的尺寸标准为：长度900~1500mm；宽度500~750mm；高度780mm	
书桌椅	常见书桌椅的尺寸标准为：长度460~480mm；宽度470~500mm；高度850~900mm	
书柜	常见书柜的尺寸标准为：长度600~900mm；宽度300~400mm；高度1200~2200mm	
打字桌	常见打字桌的尺寸标准为：长度900~1200mm；宽度450~600mm；高度780mm	
文件柜	常见文件柜的尺寸标准为：长度900~1050mm；宽度380~450mm；高度1800mm	

二、家具摆放形式与人体工学

书房是用来学习、阅读以及办公的地方，家具摆放位置要充分利用自然光源，建议将书桌和经常看书坐的椅子放置在靠近窗户的位置。根据人体工学尺寸，找到最舒适和健康的布置方式也是书房设计的重中之重。

❶ 常见书房家具摆放形式

（1）一字形

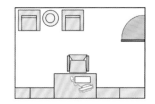

适用空间：小面积书房。

布置要点：一字形摆放是最节省空间的形式，一般书桌摆在书柜中间或靠近窗户的一边，这种摆放形式令空间更简洁时尚。一般搭配简洁造型的书房家具。

（2）T形

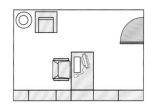

适用空间：小面积书房。

布置要点：将书柜布满整个墙面，书柜中部延伸出书桌，而书桌却与另一面墙之间保持一定距离，成为通道。这种布置适合于藏书较多，开间较窄的书房。

（3）L形

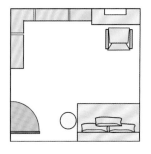

适用空间：大面积书房。

布置要点：书桌靠窗放置，而书柜放在边侧墙处，这样的摆放方式可以方便书籍取阅，同时中间预留的空间较大。可以作为休闲娱乐区使用。

（4）并列形

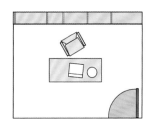

适用空间：小面积书房、大面积书房均可。

布置要点：墙面满铺书柜，作为书桌后的背景，而侧墙开窗，使自然光线均匀投射到书桌上，清晰明朗，采光性强，但取书时需转身，也可使用转椅。

❷ 书房家具与人体工学

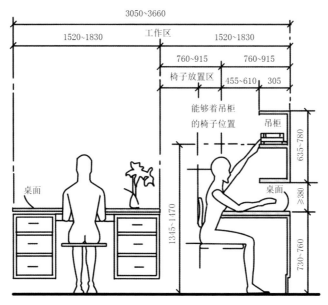

设有吊柜的书桌使用尺度

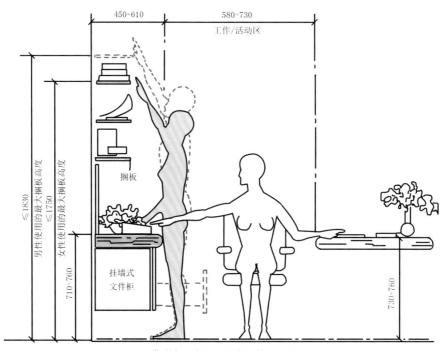

靠墙布置书柜与书桌的使用尺度

注：在卧室进行学习活动时，日常工作所需要的文件架、笔筒等摆放的距离应该接近手臂的长度，大约 500~600mm，相邻搁板间的高度以 380~400mm 为宜

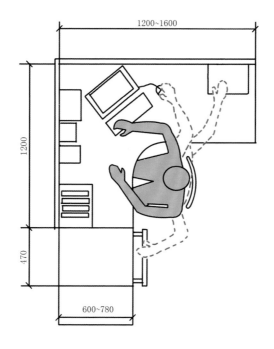

含电脑的书桌使用尺度

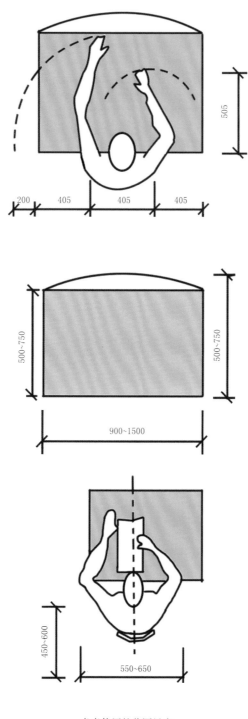

书桌使用的范围尺度

三、家具布置技巧

书房的家具主要以书柜和书桌椅为主，如果房间足够，可以单独设立书房；但如果房间数量不够，通常会将书房家具与其他功能空间家具合一，满足多样化的使用需求。

❶ 家具款式可根据居室选择

居室风格比较简单利落的话，应尽量避免使用沉重的家具，可以选择低矮或者造型简单的家具；居室空间现代感浓郁的话，可以选择独特个性造型的家具，以呼应居室整体风格。

▲空间风格简单利落，可以选择造型简单的书桌椅

▲书房风格精致有情调，家具的选择也可以呼应整体风格

❷ 个人偏好与职业特点决定书柜样式

如果喜爱藏书，但居室面积又有限，那么可以考虑整体书柜；如果使用者常常在家中办公，那么实用性便是首要考虑的问题，合理的结构可便于使用者在最短的时间内找到想要的书籍，因此，可以选择连体的书桌柜，既节省空间，又便于取放书籍。

▶整体定制墙面书柜使书籍的寻阅更加清晰方便也更节约空间

一、墙面装饰设计

书房是个安静而又富有文化气息的空间，墙面装饰的样式和色彩上最好以轻松、低调为主，让进入书房的人能够安静下来专注地阅读和学习。

❶ 装饰画

书房中使用的装饰画以能够烘托出安静而又具有学术性的氛围为佳，例如黑白色的摄影画、字母画、淡雅的水墨画或水彩画等。数量不宜太多，尺寸不宜过大，可摆放在书柜上，也可悬挂在空白墙上。

▶由于书房墙面设计比较复杂，所以选择了题材和颜色都非常简约的装饰，平衡复杂墙面设计带来的花哨感

▶书柜之间以一幅蓝绿色、花草题材的装饰画点缀，能很好地衬托出中式书房的雅致韵味

❷ 工艺挂件

　　书房工艺挂件的选择宜精致而有艺术内涵，例如一些具有自然而和缓格调的、带有山水的艺术元素，能与书房气质相呼应。

▲鹿头挂件突出书房风格特征

▲既能收纳又能装饰的隔板，简约自然

二、布艺织物应用

书房的布艺织物可以不需要有特别的遮光保暖的效果，但一定要能给人舒服的感觉，相比较于跳脱活跃的布艺织物应用，简单利落的布艺织物更容易创造舒适的观感。

❶ 窗帘

书房主要是营造一种稍显严肃又能够透露出生活气息的氛围，相对卧室而言，更崇尚简约的风格，所以更适合卷帘或百叶窗、垂直帘。书房窗帘色彩不能太过艳丽，否则会影响阅读学习的注意力；同时长期用眼，容易疲劳，所以在色彩上要考虑那些大自然的颜色，如绿色、蓝色、乳黄色等，给人以舒适的视觉感。

▲灰色布帘和白色纱帘的搭配沉稳而又简约

▲书桌旁的垂直帘样式更加的简洁，不会显得拖沓，非常适合书房使用

② 地毯

书房的地毯以实用性和舒适性为主，宜选择花型较小、搭配得当的地毯图案，视觉上安静、温馨。同时色彩要考虑和家具的整体协调，材质上，羊毛地毯和真丝地毯是首选。

▲书房中可以选择铺满地毯，也可以在书桌区域或书柜区域放置地毯，不仅可以减少噪声还能起到装饰的作用

▲仅在躺椅下铺设一块圆形地毯，视觉上形成一块独立的阅读区域，与书桌、书柜功能区分开

三、工艺摆件陈设

书房需要一些安静的、具有学术性的氛围，所以选择装饰品时款式上宜精心挑选，避免过于夸张或幼稚的类型，瓶器、装饰品、文房四宝等都是不错的选择。书房中工艺品的最佳摆放位置是书柜或书架上，如果书桌比较大，也可以适当摆放。

▲ 石膏雕像以及各式的金色金属摆件，都使书房充满了艺术感

▲ 清新的蓝色系装饰品让人眼前一亮

四、绿植、花艺布置

书房绿植花艺的设计可以根据面积的大小决定，面积较小的书房，避免选择体积过大的植物花卉，以免产生拥挤感；面积较大的书房，则可以选择体积较大的植物花卉，以此降低空旷感。

❶ 书房绿植布置

书房是需要相对安静的环境，所以不建议多摆放植物，也不建议摆放大型植物，可以在书桌或者书橱上摆放比较文艺的小绿植，最好不要选择开花的种类。

▶ 常绿旺气类植物不管在什么时候，总能给人以朝气蓬勃、生机盎然的感觉

▲ 枝叶松散的绿植带有安静、低调的味道，对于需要安静氛围的书房而言十分适合

❷ 书房花艺布置

　　书房是学习研究的场所，需要营造一种宁静幽雅的环境，因此，在小巧的花瓶中插置一两枝色淡形雅的花枝，或者单插几枚长叶、几棵野草，倍感幽雅别致。

▲小巧明艳的欧式花艺十分适合新欧式风格的书房

▲色彩淡雅的白色花艺，为温馨感十足的书房带来可爱的点缀

第六章
厨房设计

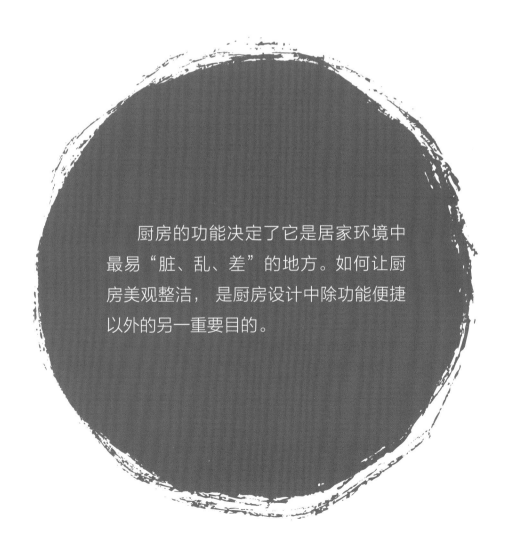

厨房的功能决定了它是居家环境中最易"脏、乱、差"的地方。如何让厨房美观整洁，是厨房设计中除功能便捷以外的另一重要目的。

厨房功能与设计

一、厨房的功能

除了传统的烹饪食物以外，现代厨房还具有强大的收纳功能，不仅能收纳食材、副食品，还有与餐饮有关的餐具、酒具以及各种烹饪设备与电器的收纳。同时，厨房也是家庭成员交流、互动的场所，他们可以通过烹饪和进餐的行为，达到与家人交流感情、丰富生活乐趣的效果。

▶低调稳重的木色与黑色搭配的厨房带来不一样的烹饪感受

二、厨房的类别及设计要点

现代社会科技和设备的进步，使得厨房的操作变得越来越干净简单，也使得厨房的格局可以变得越来越自由和开放，可以在更大程度上按照居住者的喜好来调整厨房和其他空间的关系。

❶ 开放式厨房

开放式厨房可以简单地理解为将整个厨房对外开放，就是厨房和餐厅相连而不用门和墙等隔离开，形成一个开放式的烹饪和就餐的空间。开放式厨房更大地利用了空间，同时扩大了视觉范围。对小户型来说，选择开放式厨房能让空间显得更通透。

▶开放式厨房最大的不便是炒菜的油烟容易扩散到其他空间，使得家具、电器、墙面和门等都粘上油烟污渍，不方便清洗

② 封闭式厨房

　　封闭式厨房就是用隔断把厨房和餐厅单独隔开，使得厨房变成了一个单独的空间，相对来说，可以把厨房的油烟等隔离开来。中式烹饪过程中所产生的油烟和噪声都比较大，封闭式厨房能使住宅中其他空间保持更大程度上的安静与清洁。

▶封闭式厨房可以与其他空间完全隔离，更适合中式家庭使用

③ 半开放式厨房

　　开放式厨房并不太适合大多数中国家庭，而传统的封闭式厨房既不时尚又显得拥塞，尤其是在厨房面积比较有限的情况下。于是，一个看似折中的设计理念开始统治厨房——半开放式厨房，半开放式厨房是只有一面墙采用玻璃或吧台等形式部分向客厅或餐厅开放，从视觉上敞开与外界的交流。

▲半开放式的厨房干净、整洁，看上去更加宽敞

三、厨房环境设计

厨房的环境设计需要先考虑实用性，然后再考虑美观性。厨房作为油烟重地，便于清洁的环境设计更为重要。

❶ 厨房光环境

（1）选用显色性良好的灯具

厨房中优良的显色性对于辨别肉类、蔬菜、水果的新鲜程度是至关重要的。设计时以暖色光为主，灯具亮度应相对较高，可以给人温暖、热情的视觉印象，增加人们的劳动积极性，提高制作美食的热情度，增加幸福指数。

▲由于烹饪者操作时低头背对光线，容易产生阴影，所以最好在料理台和水槽上方补充辅助照明

（2）功能至上

厨房的功能性决定了其灯光设计的功能性大于装饰性。在灯具的选择上，要尽量选择一些防尘、防水、防雾、防油的灯具。

吊灯（环境光）　　　　　灶台灯（焦点光）　　　　　柜底灯（焦点光）

❷ 厨房色彩

　　厨房是一个需要亮度和空间感的空间，要避免造成狭小、昏暗的感觉。厨房优先使用浅色调，其具有扩大延伸空间感的作用，只需保证用色比例在 60% 以上，就可以令厨房看起来不显局促。厨房应尽量避免大面积的深色调，不然容易使人感到沉闷和压抑。

▶厨房局部使用深色搭配可以平衡白色系空间的单调感

▲半开放式的厨房干净、整洁，看上去更加宽敞

❸ 厨房声环境

　　厨房本身就是一个噪声源，在厨房操作时会产生各种噪声，因而厨房的门、吊顶、楼板都需要做一些隔声处理，以免对其他空间或者邻居造成干扰。

❹ 厨房热环境

　　厨房的热环境关系到人在厨房操作时的舒适性，厨房通常的标准是温度保持在 17~27℃，湿度在 40%~70% 比较适宜。

四、空间界面设计

由于厨房会产生油烟，也会有与水相关的活动，所以厨房的顶面、地面和立面原则上都应该有防水、耐油污的设计。各界面以简洁为主，不适宜做太复杂的造型，应尽量保持空间的畅通与简洁。

❶ 顶面设计

厨房材质的选用首先要有防火、抗热的功效。对于油烟较重的厨房而言，防火的塑胶壁材和化石棉是顶面设计中不错的选择，设置时须配合通风设备及隔声效果。

▶独特的顶面设计加上简洁的射灯，不会带来厚重感，反而使厨房也充满了精致感

❷ 地面设计

厨房的地面最好使用防滑、易于清洗的陶瓷块材；另外，人造石材价格便宜，具有防水性，也是厨房地板的常用建材。厨房的地面设计实用性和使用感要大于装饰性，要考虑到是否方便清洁和不易显脏为主。

▲米灰色大理石地面装饰效果大气又耐脏耐磨

▲拼接瓷砖与复古感觉的厨房十分搭配

❸ 立面设计

　　厨房的墙面设计材料以方便、不易受污、耐水、耐火、抗热、表面柔软，又具有视觉效果为佳。PVC 壁纸、陶瓷墙面砖、有光泽的木板等，都是比较适合的材质。但要注意的是在设计上首先要考虑安全问题，另外也要从减轻操作者劳动强度、方便使用来考虑。

▲白色的小方砖简洁干净，铺贴在墙面上也容易清洁

▲拼贴花砖为白色系的橱柜增添了活跃的怀旧氛围

第二节
厨房家具、设备布置

一、常用家具、设备尺寸

地柜	常见地柜的尺寸标准为：长度800~1200mm；宽度550~600mm；高度680~700mm	
吊柜	常见吊柜的尺寸标准为：长度800~1200mm；宽度300~350mm；高度300~750mm	
壁柜	常见壁柜的尺寸标准为：长度500~1200mm；宽度550~600mm；高度1800~2000mm	
搁板	常见搁板的尺寸标准为：长度400~800mm；宽度250~300mm；高度20~30mm	
收纳柜	常见收纳柜的尺寸标准为：长度400~1200mm；宽度350~500mm；高度800~1200mm	

冰箱	常见冰箱的尺寸标准为：长度550~750mm；宽度500~600mm；高度1100~1650mm	
微波炉	常见微波炉的尺寸标准为：长度550~600mm；宽度400~500mm；高度300~400mm	
电烤箱	常见电烤箱的尺寸标准为：长度400~500mm；宽度300~350mm；高度250~300mm	
燃气灶（台式）	常见燃气灶（台式）的尺寸标准为：长度725mm；宽度375mm；高度115mm	
燃气灶（镶嵌式）	常见燃气灶（镶嵌式）的尺寸标准为：长度680mm；宽度380mm；高度50mm	

二、布置规划原则

　　厨房是住房中使用最频繁、家务劳动最集中的地方。除了传统的烹饪食物以外，现代厨房还具有强大的收纳功能，是家庭成员交流、互动的场所。因此，厨房的装修设计应该更多地考虑实用、安全、互动和卫生。厨房具体设计空间布局应根据人在厨房内的需求，也就是厨房需要具备的功能来规划，具体原则有以下三项。

❶ 丰富的储存空间

一般家庭厨房都尽量采用组合式吊柜、吊架，合理利用一切可贮存物品的空间。组合橱柜常用下面部分储存较重较大的瓶、罐、米、菜等物品，操作台前可延伸设置存放油、酱油、糖等调味品及餐具的柜、架，煤气灶、水槽的下面都是可利用的存物场所。

地柜	吊柜	台面
地柜位于橱柜的底层，对于较重的锅具或厨具，不便放于吊柜里的问题，地柜便可轻而易举地解决	吊柜位于橱柜的最上层，使厨房的上层空间得到完美利用，一般可以将重量相对较轻的碗碟或易碎物放在此处。另外，由于拿取物品相对不便，因此也可以将一些使用频率较低的物品放在此处	橱柜台面是厨房中最容易显乱的地方，日常所用的调料、刀具、微波炉等，为了拿取方便都会放置在此。于是，橱柜台面容易出现收纳窘境

② 足够的操作空间

在厨房里，要洗涤和配切食品，要有搁置餐具、熟食的周转场所，要有存放烹饪器具和佐料的地方，以保证基本的操作空间。现代厨具生产已走向组合化，应尽可能合理配备，以保证现代家庭厨房拥有齐全的功能。

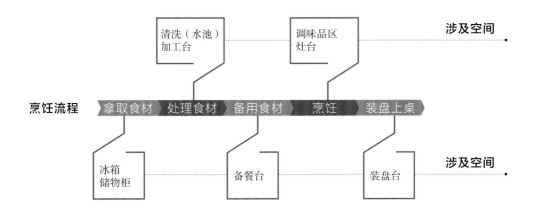

清洗（水池）加工台　　调味品区 灶台　　涉及空间

烹饪流程　拿取食材　处理食材　备用食材　烹饪　装盘上桌

冰箱 储物柜　　备餐台　　装盘台　　涉及空间

③ 充分的活动空间

厨房里的布局是顺着食品的储存、准备、清洗和烹调这一操作过程安排的，应沿着三项主要设备即炉灶、冰箱和洗涤池组成一个三角形。因为这三个功能通常要互相配合，所以要安置在最适宜的距离以节省时间和人力。这三边之和以 3.6~6m 为宜，过长和过短都会影响操作。

烹饪区　　储藏区　　洗菜区

三、布置形式与人体工学

厨房的布置受到住宅原有的燃气管道、排烟管井、给排水管道以及地面的预先沉降的限制，无法进行大刀阔斧的改造。但其整体的面积可以增减，通过对空间和平面布局的适当调整，合理利用空间，能使其符合使用者的操作习惯，使人感到更加舒适。

❶ 常见厨房家具设备摆放形式

（1）一字形

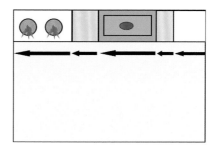

适用空间：小面积厨房。

布置要点：在厨房一侧布置橱柜等设备，功能紧凑，能方便合理地提供烹调所需空间、以水池为中心，在左、右两边分开操作，可用于开间较窄的厨房。

（2）对面形

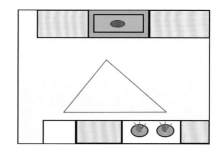

适用空间：大面积厨房。

布置要点：沿厨房两侧较长的墙并列布置橱柜，将水槽、燃气灶、操作台设为一边，将配餐台、储藏柜、冰箱等电器设备设为另一边。

（3）L形

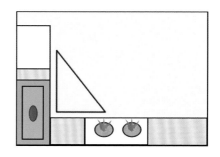

适用空间：小面积厨房、大面积厨房均可。

布置要点：将台柜、设备贴在相邻墙上连续布置，一般会将水槽设在靠窗台处，而灶台设在贴墙处，上方挂置抽油烟机。

（4）岛形

适用空间：大面积厨房。

布置要点：在较为开阔的 U 形或 L 形厨房的中央，设置一个独立的灶台或餐台，四周预留可供人流通的走道空间。在中央独立形的橱柜上可单独设置一些其他设施，如灶台、水槽、烤箱等，也可将岛形橱柜作为餐台使用。

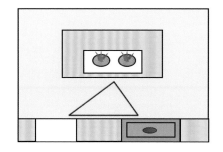

（5）U 形

适用空间：大面积厨房。

布置要点：将厨房相邻三面墙均设置橱柜及设备，相互连贯，操作台面长，储藏空间充足。橱柜围合而产生的空间可供使用者站立，左右转身灵活方便。

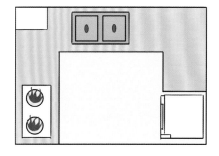

（6）T 形

适用空间：小面积厨房、大面积厨房均可。

布置要点：在 U 形的基础上改制而成，将某一边贴墙的橱柜向中间延伸突出一个台柜结构，此结构可作为灶台或餐台使用，其他方面与 U 形基本相似。

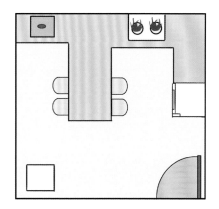

❷ 厨房家具、设备与人体工学

（1）炉灶操作的人体尺度关系

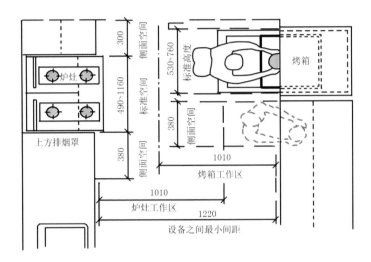

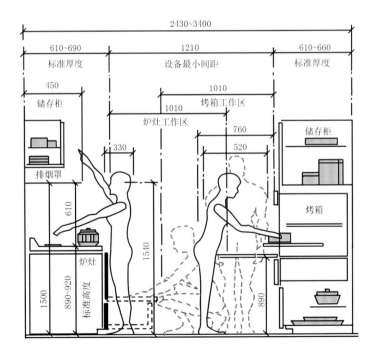

（2）案台操作的人体尺寸关系

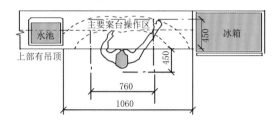

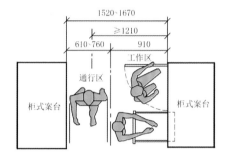

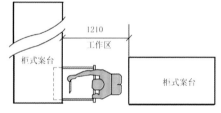

注：案台的操作面尺寸应根据使用者以及其就餐习惯来确定。如，操作者前臂平抬，从手肘向下100~150mm的高度为厨房台面的最佳高度

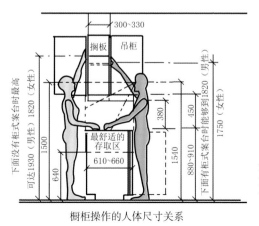

橱柜操作的人体尺寸关系

注：若想使得下面的柜子容量大的话，就选择100~150mm的台面厚度；如果考虑到承重方面的话，可以选择250mm厚的台面

（3）水池操作的人体尺寸关系

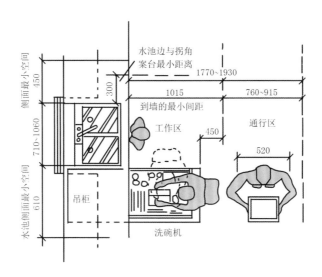

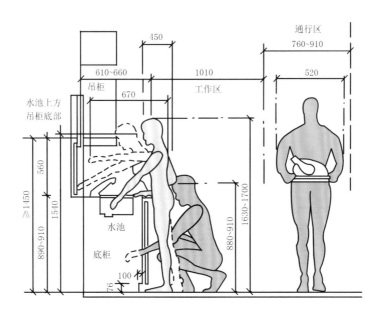

（4）冰箱操作的人体尺寸关系

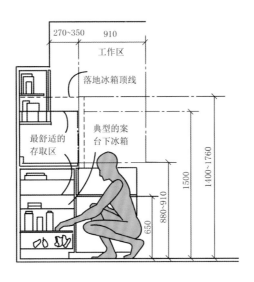

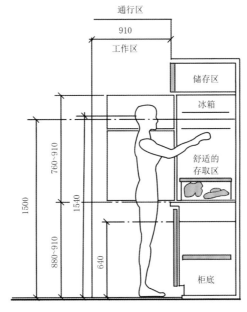

冰箱操作的人体尺寸关系

第三节
厨房配饰设计

一、墙面装饰设计

　　厨房的墙面可以选择与食材或饮食文化相关的装饰品进行装饰，会令人感觉生活充满乐趣，色彩、造型和样式都比较欢快雅致的墙面装饰，使料理食材不再是很枯燥辛苦的事情。

　　厨房是烹饪的地方，很容易使人产生枯燥沉闷的感觉，适合选择配色明快、较为活泼的装饰画。由于油烟较多，材质宜选择容易擦洗、不宜受潮的油画或玻璃画等类型，数量1～2幅即可。

▶色彩明亮、题材有趣的装饰能够使厨房氛围一下子就变得活跃起来

▲人物题材的装饰画，使简朴自然的厨房多了一丝生活气息

二、工艺摆件应用

选择厨房工艺摆件时要尽量照顾到实用性，考虑在美观基础上的清洁问题，还要尽量考虑防火和防潮。玻璃、陶瓷一类的工艺摆件是首选，容易生锈的金属类摆件尽量少选。

三、绿植、花卉布置

厨房绿植花艺的布置要以不影响正常操作活动为主，其次才会考虑其装饰效果。另外，在布置时要注意安全的问题，避免将易燃的植物放在火源旁边。

❶ 厨房绿植布置

厨房是家居空间中空气最污浊的区域，需要选择生命力顽强、体积小并且可以净化空气，对油烟、煤气等有抵抗性的植物。数量宜少不宜多，位置应远离火源。

▲枝叶开散的绿植造型呼应厨房吊灯的造型，整体充满了法式的优雅感觉

▲隔板上放上一盆小小的绿植，柔化金属刀具的冷硬感觉

❷ 厨房花艺布置

厨房是整个家中最具功能性的空间，花艺装饰能够缓解单调与乏味，使人减缓疲劳，以轻松的心情进行烹饪工作。表面容易清洗材质的花器最适合摆放在厨房之中，花卉的色彩尽量以清新的浅色为主。厨房花艺摆放时要远离灶台、抽油烟机等位置，以免受到温度过高的影响，同时还要注意及时通风，给花艺一个空气质量良好的空间。

▲厨房中摆设花艺以远离灶台、靠近窗户的位置为最佳

▲厨房的花艺以简单的样式为好

第七章
卫浴设计

现代家庭的卫浴间已经远远不只解决居住者如厕、沐浴的基本需求，卫浴间的设计理应朝着文明、舒适、高科技的方向发展，给居住者创造优质的生活空间。

第一节
卫浴功能与设计

一、卫浴间功能分区

卫浴间在家庭生活中的使用频率是非常高的，且关乎居住者最为隐私与最基本的日常生理需求，体现着对人最贴身的关怀。现代家庭的卫浴间应具备环境整洁、设备先进、空间划分科学等优点。

储物区

住宅中没有生活阳台，卫浴间还要承担部分的清洁家务功能，如洗衣、晾晒、拖地等，伴随的是一定的储物空间

淋浴区

除了一般的日常的淋浴，空间宽裕的卫浴间，还可以有休闲型的洗浴方式，比如浸湿、蒸汽浴等

盥洗区

解决日常的盥洗功能，如洗手、洗脸、刷牙，还有部分清洁、护理、美发的活动也会在卫浴间进行

如厕区

解决日常的如厕问题，这也是卫浴间最基本也是最重要的功能之一

二、卫浴间环境设计

卫浴间的设计除了要保证满足最基本的生理需求以外，还要在环境上给予使用者全面的安全感、舒适感、私密感，甚至是美感。

❶ 卫浴空间光环境

卫生间内若仅有短暂的行为活动如小便、洗手等，50~75lx 照度比较适宜，由于经常开关的缘故，最好选用白炽灯作为照明形式。当有洗浴、大便等行为时，照度以100~150lx 为宜。

将镜前灯安装在梳妆镜的两侧，光线可以相辅相成，防止脸部出现阴影

灯光光源最好是三基色的灯管，最能还原色彩的真实效果，从而保证镜前灯的功能达到最佳

❷ 卫浴空间色彩

总体而言，卫生间的色彩要求使人愉快，能激发美感和振奋精神，因此设计应该以单纯、明快，具有清洁和温暖感为原则。颜色以清淡为好，白色是卫浴间最常见的颜色，从清洁的角度出发，也应该使用淡色。清晰单纯的色调，辅以颜色相近、图案简单的地板，可以使得整个卫浴空间视野开阔、暖意倍增，使整个环境达到开阔、轻松、明快、清爽的效果。

▶白色系的卫浴间看上去不仅仅是干净，还能显得比较宽敞

❸ 卫浴空间声环境

传统卫生间中经常会产生各种类型的声音，据测试，换气扇运行时的声音在 55dB 左右，洗衣机为 60~80dB，电吹风最高时超过了 80dB。又如下水管的下水声音、冲厕的声音基本都超过了 45dB，同时会在短短的几分钟甚至几秒内突然起伏变化。这种声音虽然声压级不大，不会对人体的听觉器官造成直接的影响，但是这种噪声会持续出现，长时间对人体的伤害很大。

❹ 卫浴空间热环境

住宅卫生间的热环境设计一直是困扰着设计师的一个大问题。夏天上厕所时热得大汗淋漓，冬天上厕所时冷得瑟瑟发抖，严重影响了居住的舒适感。最适合人们居住的室内温度为 25℃，当室内温度低于 18℃或者高于 28℃时就会影响到室内的舒适度。

▶北方家庭因为有系统的暖气供应系统，冬天的使用影响要小得多，但是夏天的使用依然困扰着人们

三、空间界面设计

卫浴间是长期有水汽产生的地方，同时也有大量的管道铺设，所以界面的材料一定要能防水防潮防滑，其次再考虑设计美感的问题。

❶ 顶面设计

卫浴间相对于其他空间来说比较狭小，且顶面上一般是水管与排污管，属于非常潮湿的区域，因此顶面一般用铝扣板或者防水石膏板来做。铝扣板安装方便，防水性能好，造价较便宜，是一般中小型住宅家庭的选择；防水石膏板能制作一定的造型，也有一定的防水性，在一些欧式或中式风格设计中常会用到。

▲若卫生间空间不够，顶面可以尝试使用镜面材质，可以显得卫浴间宽敞、明亮

❷ 地面设计

卫浴间的地面与水的接触最为紧密，所以在管道铺设完毕后，用碎石料填充整个沉箱剩余空间，而后再铺上水泥板形成地面。完成地面后还需在地平面和整个墙面上做防水层，以防止有渗水现象。

❸ 立面设计

卫浴间的里面也是重点防水对象，所以立面材质多采用防水易清洁的瓷砖、大理石或者是马赛克，具体的铺贴方式可根据地面、顶面的色彩搭配。若是整体采用欧式、美式的设计风格，墙面可采用腰线拼贴的方式来呼应整体效果；若是整体现代风格的设计，则墙面可采用大块面的铺贴方式，或者利用相同材质的不同肌理来做些细节上的变化。

▲多色拼接的墙面设计同样也十分有趣

第二节
卫浴家具、洁具布置

一、常用家具洁具尺寸

坐便器	常见坐便器的尺寸标准为：宽度400~490mm；高度700~850mm；座高390~480mm；座深450~470mm	
滚筒洗衣机	常见滚筒洗衣机的尺寸标准为：长度600mm；宽度450~600mm；高度850mm	
电热水器	常见电热水器的尺寸标准为：长度700~1000mm；直径500mm	
浴缸	常见浴缸的尺寸标准为：长度1200~1700mm；宽度700~900mm；高度355~518mm	
立式洗面器	常见立式洗面器的尺寸标准为：长度590~750mm；宽度400~475mm；高度800~900mm	
台盆柜	常见台盆柜的尺寸标准为：长度600~1500mm；宽度450~600mm；柜高800~900mm（台柜设计）或450~650mm（吊柜设计）	
碗盆柜	常见碗盆柜的尺寸标准为：长度600~1200mm；宽度400~550mm；柜高600~700mm（台柜设计）或360~400mm（吊柜设计）	

二、布置摆放形式与人体工学

卫浴空间在家庭生活中是使用频率最高的场所之一，不仅是人解决基本生理需求的地方，而且还具有私密性，因而要时刻体现人文关怀，布置时合理组织功能和布局。

❶ 卫浴间家具洁具布置形式

（1）半套卫浴间

适用空间： 小面积卫浴间。

布置要点： 坐便器尽量放在门后或是墙边角落，同时应注意两侧最少要保持 70cm 以上。卫浴空间的动线要考虑以圆形为主，将主要动线留在洗脸台前，其他地方只要能保证正常通行即可。

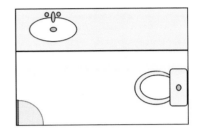

（2）双台面卫浴间

适用空间： 大面积卫浴间。

布置要点： 长方形的卫浴空间相对来说方便分隔，可以把洗手台放在门后，如若空间允许可延伸成双洗手台设计；浴缸则放在另外一侧，中间位置就相对空旷了，可以在靠近浴缸一侧摆放坐便器。

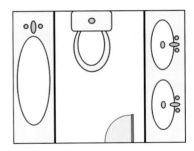

（3）四件式卫浴间

适用空间： 小面积卫浴间、大面积卫浴间均可。

布置要点： 若卫浴间空间较大，除了坐便器、洗脸台、浴缸外，还可以规划出独立的淋浴区，做到干、湿分离，这样使用起来会更加方便。相对于正方形卫浴间，长方形卫浴间更适合四件式卫浴间规划，建议将坐便器及洗脸台规划成同一列，浴缸及淋浴区则为另一列，这样不但节省空间，动线使用也更为流畅。

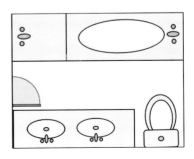

❷ 卫浴间家具洁具与人体工学

（1）洗漱动作尺寸

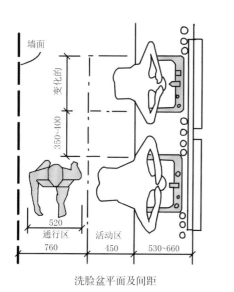

洗脸盆平面及间距

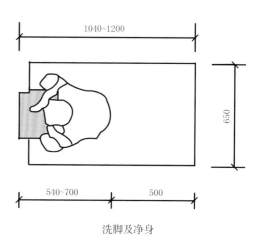

洗脚及净身

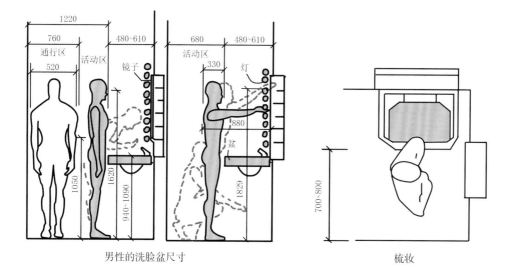

男性的洗脸盆尺寸

梳妆

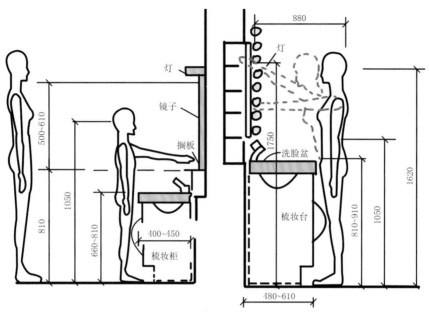

女性及儿童的洗脸盆尺寸

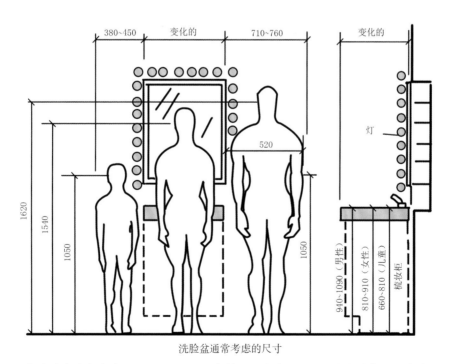

洗脸盆通常考虑的尺寸

注：一般洗脸台的高度为800~1100mm，理想情况一般为900mm，这也是符合大多数人需求的
标准尺寸

（2）便溺动作尺寸

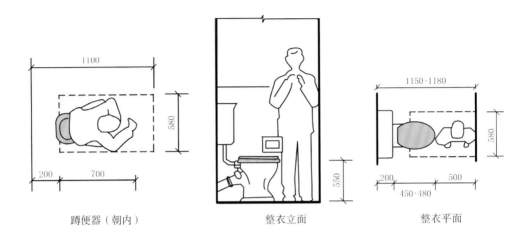

蹲便器（朝内）　　　　　　　　整衣立面　　　　　　　　整衣平面

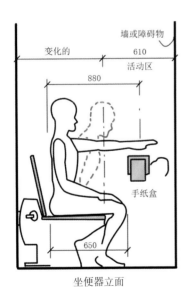

坐便器立面

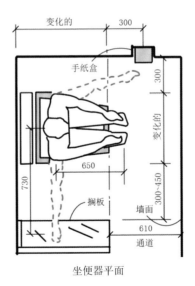

坐便器平面

（3）洗浴动作尺寸

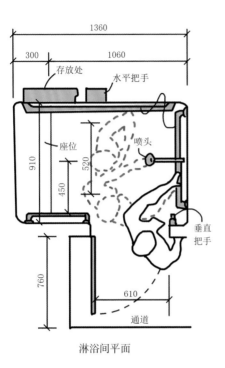

淋浴间平面

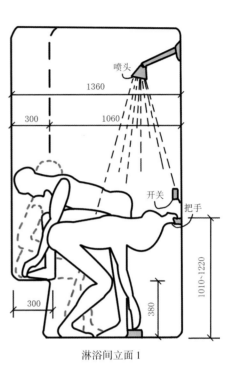

淋浴间立面1

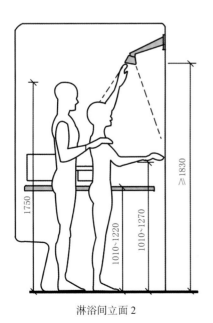

淋浴间立面2

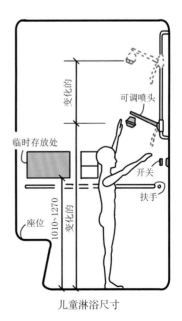

儿童淋浴尺寸

三、布置规划技巧

卫浴间相对比住宅中的其他空间要小，而设备、水管电线却又很复杂，每个设备的使用，功能模块间的位置关系、空间距离都需要合理而精确，因此卫浴间各设计要素的尺度与组合显得非常重要。

① 巧用角落

人们习惯了横平竖直的思维方式，认为挨着墙壁，一字排开就能使空间紧凑了，却常常会忽略掉对房间角落的设计。事实上，合理规划边角空间，不仅能发挥出它的最大利用价值，还能提升整个家居环境的艺术性。墙角是人行走时最不容易经过的地方，也就是说，是最适合安排一些功能区的地方，比如面盆、坐便器、储物柜。

▲淋浴区和洗手台用墙面区分开，很好地利用了角落空间

② 加强采光

巧妙利用光线，可以很好地改变空间感。明亮的采光，可以让人感觉到空间的提升；而黯淡的光线，则会使人觉得空间窄小、不舒服。尤其是老房的采光通常不是很好，有的朝向不好，窗户狭窄，自然采光不佳。因此，卫浴间的空间感打造，首先要从采光入手。

如果卫浴间的开窗很难改变，那么可以考虑增强室内采光，比如，利用磨砂玻璃、烤漆玻璃、单面玻璃等玻璃材质制作卫浴间与室内其他空间的隔断和推拉门，这样既可以节省空间，又提高了卫浴间的采光，一举两得。

▲磨砂玻璃的推拉门可增强卫浴间采光　　▲主卧的卫浴间采用玻璃作为隔断，增加了空间采光

③ 根据空间合理设计淋浴房

淋浴房的外形视卫浴间面积、形状而定，一般长方形卫浴间可以选择一字形淋浴房；正方形卫浴间则可以选择直角形或圆弧形淋浴房。

▶一字形淋浴房最节省卫浴空间

卫浴配饰设计

一、墙面装饰设计

卫浴间的墙面装饰选择防水耐湿材料的装饰品更合适。为了保证卫浴间整洁干净的格调，墙面装饰的数量不宜过多、尺寸不宜过大，颜色以低调为佳。

❶ 装饰画

卫浴间的装饰画需要考虑防水防潮的问题，如果干、湿分区，则可在湿区挂装裱好的装饰画，干区建议使用无框画，像水墨画、油画都不太适合湿气很多的卫浴间。装饰画内容以清心、休闲和时尚为主，也可以选择诙谐个性的题材，色彩上应尽量与地面、墙面的色彩相协调，面积不宜太大，数量也不用太多，点缀即可。

▲卫浴间干区可以选择悬挂题材活跃、色彩丰富的装饰画

❷ 挂镜

镜子作为卫浴间的必需品，功能作用占据了主导，但其也有不俗的装饰效果。镜子不仅可以在视觉上延展空间，同时也会让光线不好的卫浴间的明亮度得以倍增。卫浴间中的镜子通常悬挂在盥洗区，美化环境的同时方便整理仪容，在注重收纳功能的小户型住宅中，挂镜通常以镜柜的形式出现。

▶盥洗台上方的镜子在美化环境的同时方便整理仪容

二、工艺摆件应用

　　卫浴间的水汽和潮气很多，所以通常选择陶瓷和树脂材质的工艺摆件，不会出现因为受潮而褪色变形，而且清洁起来也很方便。除了一些装饰性的花器、梳妆镜之外，比较常见的摆件是洗漱套件，既具有美观出彩的设计，同时还可以满足收纳所需。

▲即使一个简单摆件也能有不错的装饰效果

▲洗漱套件是卫浴间最常见的摆件之一

三、绿植、花卉布置

卫浴间常以白色瓷砖铺贴墙面，空间也相对窄小，所以绿植花艺的数量不宜过多，最好选择适应性较强的植物作为装饰。

❶ 卫浴间绿植布置

卫生间一般不适宜放一些比较好看的开花植物，其空间通常比较阴凉，选择植物的时候应结合植物的习性，适宜选择以吸收有害气体为主，且喜欢阴凉的绿植，数量宜少不宜多。

▶植物的绿色为土棕色的卫浴间带来新鲜的生机感觉

❷ 卫浴间花艺布置

卫浴间的花艺布置以整洁安静的格调为主，宜搭配造型玲珑雅致、颜色清新的花艺，在宽大镜子的映衬下，能让人精神愉悦，更能增加清爽洁净的感觉。如果卫浴间墙面空间比较大，可以在墙上插一些壁挂式花艺，以点缀美化空间。

▲无色系的空间以一盆小巧的盆花装饰，增添可爱灵动的装饰美感

第八章
玄关设计

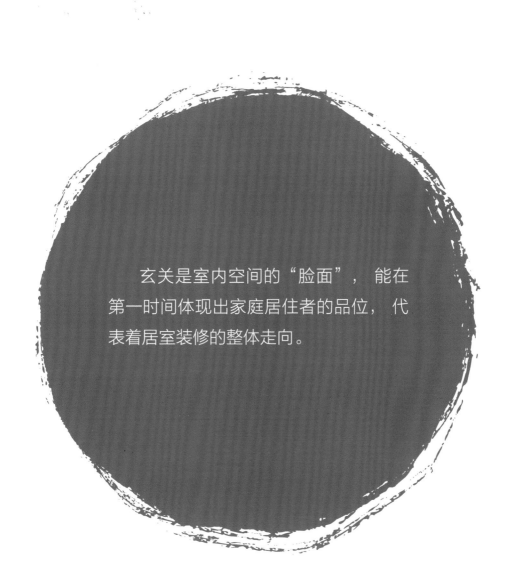

玄关是室内空间的"脸面"，能在第一时间体现出家庭居住者的品位，代表着居室装修的整体走向。

第一节
玄关功能与设计

一、玄关的功能设计

玄关俗称门厅，是住宅的进出口，也是来访者首先接触的空间，玄关的设计在家居中是极为重要的。玄关既是一个家庭的门面，同时也是给来访者的第一印象，更是从户外进到室内的一个转换环境、情绪及视觉的缓冲地带。玄关成为来访者的第一道关卡后，日渐受到重视。利用玄关妥善地收拾好每双鞋、每把伞，同时也兼顾与整个空间的连贯性。

▲玄关是整个家居风格的缩影，从玄关的设计就可知客厅等空间是什么风格的设计，并表现居住者的生活习惯与品味

二、玄关的类别及设计要点

不同户型的住宅，玄关的面积形态也有所不同，与客厅、入户门之间的位置关系也不同，在设计时要根据不用的玄关类别进行不同的考虑。

❶ 开放式玄关

开放式玄关在户型设计时并没有明确地限定玄关的区域和形态，往往入户门与客厅直接相连，访客的视线可以直接贯穿室内，这样的户型就需要利用屏风或收纳家具做出一个玄关，通常与入户门围合成 L 形，或是与入户门平行的一字形，使得围合空间形成玄关的功能，隔断元素同时是实用的家具，或是具有储物功能的鞋柜、置物柜，或是具有装饰功能的屏风。

▲呈现一字形的玄关布置方式

❷ 过道式玄关

过道式玄关是指入户门两侧的墙体成较窄的平行状态，将玄关空间挤压成一条过道的形态。这样的玄关狭而长，通常比较难设置家具和遮挡物。

过道式的玄关通常比较难设置空间上的迂回，而要考虑的是尽量在过道两边布置鞋柜或置物柜，家具的形体是较扁较长的，在符合空间形态的同时满足基本的玄关功能。

▶过道一边放置玄关柜，用来收纳鞋子、帽子、包等物品

❸ 独立式玄关

独立式的玄关一般出现在较大些的住宅户型中，一些大空间的别墅甚至可以将玄关处理成门厅的形态，形成客厅的前奏。

独立式玄关在做空间分隔时，要注意尽量保持玄关空间的完整性，可以在与其他空间的交界处设置视觉通透的屏风或隔墙，使得在形成明确的空间分区的同时，也能保持空间的连贯性与良好的视觉引导性。

▲如果玄关面积充裕，也可以设置独立的鞋柜、挂衣柜以及穿鞋凳，正面的位置可以设置玄关柜或是中式的几案，与入户门形成空间上的对景关系

第二节
玄关家具布置

一、玄关柜的功能与尺寸

　　玄关柜作为玄关最常见的家具，其拥有的不仅是收纳储物的作用，更多时候它还可以充当隔断、分隔，甚至拥有装饰展示的作用。

❶ 玄关柜的功能

（1）保证私密性

　　避免客人一进门就对整个居室一览无余，也就是在进门处用木质或玻璃作隔断，划出一块区域，在视觉上起到遮挡作用。

（2）装饰作用

　　进门第一眼看到的就是玄关，这是客人从繁杂的外界进入这个家庭的最初感觉。可以说，玄关设计是设计师整体设计思想的浓缩，它在房间装饰中起到画龙点睛的作用。

（3）方便脱衣换鞋挂帽

　　最好把鞋柜、衣帽架、穿衣镜等设置在玄关内、鞋柜可做成隐蔽式，衣帽架和穿衣镜的造型应美观大方，和整个玄关风格协调。玄关的装饰应与整套住宅装饰风格协调。

▲作为装饰作用的玄关柜可搭配工艺品、花艺等，令玄关给人眼前一亮的效果

❷ 玄关柜的类别

矮柜式玄关柜

矮柜式玄关柜，一般柜体造型性强，极
具装饰性，在成品柜中较常见。可在柜
体上面摆放花艺或是工艺品，墙面可搭
配挂画装饰

半隔断式玄关柜

半隔断式玄关柜上面一般采用透明或半
透明式的屏风，既可以增加客厅的空
间感、私密感，又不影响客厅的通风
透光

到顶式玄关柜

到顶的玄关柜形式一般下面是鞋柜，上
面是储物柜，中间留30~40cm放小型装
饰物或灯具；或采用半开敞式设计，留
出部分隔断摆放装饰品

❸ 玄关柜的尺寸标准

（1）根据所放物品确定玄关柜深度

很多人买鞋不喜欢丢掉鞋盒，直接将鞋放进鞋柜里面。鞋柜深度尺寸通常是 380~400mm ，在设计规划及定制鞋柜前，一定要先丈量好使用者的鞋盒尺寸作为鞋柜深度尺寸依据。如果还想在鞋柜里面摆放其他的一些物品，如吸尘器、手提包等，深度则必须在 400mm 以上才能使用。

▲换鞋凳与鞋柜结合，使用方便

（2）设置活动层板增加实用性

鞋柜层板间高度通常设定在 150mm 左右,但为了满足男女鞋高低的落差,在设计时候,可以在两块层板之间多加些层板粒,将层板设计为活动层板,让层板间距可以根据鞋子的高度来调整。

▲多功能鞋柜能够在有限的空间内容纳更多的鞋子

二、玄关家具布置技巧

玄关家具的布置以不影响日常进出活动为主要目标，设计布置时可以根据玄关类型的不同而选择不同的布置方式。

如果入门处的走道狭窄，嵌入式的玄关柜是最佳选择，此处的玄关家具应少而精，避免拥挤和凌乱。另外，圆润的曲线造型会给空间带来流畅感，也不会因为尖角和硬边框给出入造成不便。

▲居室进门空间较大，可以在玄关入口通道中摆放与空间风格相统一的玄关柜和装饰摆件，从而使居室整体更有协调性

▲玄关空间较小，嵌入式的玄关柜最能节约空间，看上去也更加清爽干净

玄关配饰设计

一、墙面装饰设计

　　玄关位置的墙面装饰吸引着大部分的视线，作为空间的门脸，墙面装饰的选择重点在于色彩、样式与整体风格协调搭配。

❶ 装饰画

　　玄关属于家居中主要的交通空间，空间通常不会太大，所以装饰画尺寸不宜过大，选择能反应家居主体的画面为佳，可以悬挂，如果有柜子或几案，也可以搭配花艺或工艺品组合摆放。

▶玄关通常悬挂单幅装饰画

❷ 挂镜

　　对于玄关空间并不是很大的住宅而言，挂镜不仅可以扩充视觉空间、改变小玄关的窄小紧迫感，而且进出门时还可以利用玄关镜子整理自己的仪表。但要注意的是，直接对门的玄关通常不适合挂大面镜子，可以设置在门的旁边；如果玄关在门的侧面，最好一部分放镜子，和玄关成为一个整体，但如果是带有曲线的设计，也可以全用镜子来装饰。

▶玄关挂镜适合布置在侧面的墙上，避免安装在正对入口的墙面

二、布艺织物应用

　　玄关的布艺织物除了可以作为进入室内的一个缓冲之外，也可以是玄关的装饰元素。利用布艺织物的图案和色彩，弥补玄关的缺陷，从而起到良好的装饰作用。

　　玄关地面使用频率高，一般可以选择腈纶、仿丝等化纤地毯，这类地毯价格适中，耐磨损，保养方便。玄关地毯背部应有防滑垫或胶质网布，因为这类地毯面积比较小，质量轻，如没有防滑处理，从上面经过容易滑倒或绊倒。玄关地毯花色的选择上，可根据喜好随意搭配，但要注意的是，如果选择单色玄关地毯，颜色尽量深一点，浅色的玄关地毯容易污损。

▶玄关地毯兼具装饰与实用功能

三、工艺摆件陈设

　　玄关是进出频繁的空间，所以工艺品的位置应仔细考虑，以不妨碍交通为宜，通常来说小型工艺品或悬挂类的更合适，例如装饰镜、小摆件等。最佳位置是玄关桌、柜或鞋柜台面。

▶玄关工艺品摆件数量可以不用多，但效果要突出

四、绿植、花卉布置

玄关就是房子与室外的过渡空间，是进出住宅的必经之地，是访客进到室内后产生第一印象的地方，因而绿植、花卉的摆放位置也很重要。

❶ 玄关绿植布置

玄关绿植的选择可以根据面积的大小而定，高大的绿植甚至可以作为空间的软隔断使用，而矮小的绿植也能从色调上带来较为清爽的感觉。

▲玄关处摆放绿植，让人进门就有好心情

❷ 玄关花艺布置

玄关花艺主要摆放位置为鞋柜或玄关柜、几案上方，高度应与人的视线等高，主要展示的应为花艺的正面，建议采用的是扁平的体量形式。花艺和花器的颜色根据玄关风格选择、协调即可。

▶玄关的花艺可以展现出居住者的品位

第九章
楼梯、过道设计

楼梯与过道是室内空间的主要通道，在设计时要根据不同功能和特点分区设计。从而使小面积区域成为空间的一大亮点。

楼梯功能与设计

一、楼梯的功能

楼梯一般出现在复式或别墅等多层空间的大型住宅中，是用来连接上下楼层的垂直交通工具，在具体设计时要先弄清楚楼梯与各楼层的位置关系和形态。而且，楼梯除了起到联系不同水平层的空间作用，本身也有装饰空间的效果，是住宅中的大型"立体雕塑"。

▶几何造型的楼梯，搭配实木踏板，整体效果简洁利落

二、楼梯的类别及特点

按造型分，楼梯一般有"直型""L形""U形"以及"弧形"和"旋转"。

直型楼梯	L形楼梯	U形楼梯	弧形楼梯	旋转楼梯

1 直型

直型楼梯直通楼上，没有经过休息平台，最为常见也最为简单。几何线条给人挺括和硬朗的感觉，直梯加上平台也可实现拐角。

▲ 直型样式简单大方

2 "L 形"或"U 形"楼梯

楼梯经过一次 90° 转折为 L 形楼梯，经过两次 90° 转折是 U 形楼梯。两种形式的楼梯在空间上有较为相似的特点，但 L 形楼梯比较常用，因为它只有一个平台，造价较 U 形楼梯要便宜。

▲ L 形楼梯

▲ U 形楼梯

❸ 弧形楼梯

弧形楼梯是指梯段呈弧形的楼梯，其典雅精致，富有浪漫基调。但若要达到消防和疏散的要求，一般弧度比较缓和，因此弧形楼梯是这前三种楼梯中造价最贵、占地最多的，而且同等材料的造价至少比 U 形楼梯贵一倍有余。

▲ 弧形楼梯优雅而浪漫

❹ 旋转楼梯

旋转楼梯造型非常漂亮，但使用起来缺乏舒适感，它唯一的优点就是节省空间，基本上只要有一个 1.5m 长的挑空就完全可以做旋转楼梯，且不占据其他空间。

▶旋转楼梯常给人惊艳的感觉

三、楼梯设计的尺度与规范

● 栏杆间距。两根栏杆中心距离以 8cm 为宜，不大于 12.5cm，以免小孩子把头从间隙处伸出去。

● 扶手高度。扶手到腰部位置为佳，一般为 85~90cm，扶手直径以 5.5cm 为好。

● 阶梯高度与深度。阶高应该在 15~18cm，阶面深度为 22~27cm。阶数为 15 步左右，如果过高了，可能需要设置楼梯休息平台。

● 楼梯宽度。一边临空时，楼梯净宽不小于 75cm；两侧有墙时，楼梯净宽不小于 90cm。

● 楼梯踏步斜度。踏步的斜度通常是由层高、洞口周边的空间大小条件来决定的。楼梯踏板的前沿连成的直线和水平夹角称为楼梯的斜度。室内楼梯的斜度一般为 30° 左右最为舒适。室外楼梯一般斜度要求比较平坦。

● 楼梯踏板设计。楼梯板的规格包括踏板和立板的规格，一般要求适应于人的脚掌尺寸。一般踏板宽、立板低的踏步会较为舒适。室内楼梯的踏板宽度应不小于 24cm，一般在 28cm 最舒适。立板的高度应不高于 20cm，一般在 18cm 最舒适。而且各个踏板宽和立板高应该是一致的，否则容易使人摔倒。

▲ 白实木饰金楼梯搭配大理石踏板，呈现奢华的装饰效果

四、楼梯装饰设计

楼梯由踏步、扶手、栏杆等元素组成，这几个元素的装饰界面成为楼梯的视觉主体，在影响视觉效果的同时，也影响居住者的日常使用。

❶ 踏步与楼梯平台

楼梯的踏步有两个面，踏步的长宽比会影响到使用者行进的节奏和舒适度。踏步的材质可以根据住宅的整体风格来选择，不论何种材质都要求坚固、耐磨、防滑，一般常用材质有实木、石材。

▶将踏步与厨房设备结合，十分有创意

▲ 实木踏步与住宅整体用材呼应

❷ 栏杆与扶手

　　楼梯的垂直维护面有栏杆和扶手组成。栏杆是楼梯中的重要保护设施，也是主要的装饰设施。栏杆的高度要在 90cm 以上，密度要能防止人穿过，通常采用竖向栏杆设计，强度较好，且能防止小孩攀爬。

　　扶手是人手抓握的地方，扶手的材质要根据整个楼梯的材质和风格而定，一般栏杆的扶手多采用质地温润的实木。截面形状在符合人体抓握的舒适度的情况下，欧式或田园风格的栏杆多用圆弧截面的实木扶手，现代简约风格的栏杆多用玻璃栏板配方形截面的实木扶手甚至是金属扶手。

▲ 现代风格的扶手与栏杆，简洁干净

▲ 乡村风格的扶手与栏杆，大气端庄

第二节
过道功能与设计

一、过道的功能

住宅的过道是水平方向上联系和通往各个空间的交通路径，是划分不同空间、保持彼此活动私密性的空间媒介，也是住宅设计风格的统一和延续，同样是提升空间品质的重要因素。在设计时应注意过道不宜设在房屋中间，这样会将房子一分为二。过道不宜占地面积太多，过道越大，房子的使用面积自然会减少。过道不宜太窄，宽度通常为90cm，这样的过道两人同时通过还会稍嫌过窄，因此1.3m是最为合适的。

▲ 一般过道不宜超过房子长度的2/3

二、空间界面设计

过道界面的设计要做好各空间的衔接，其设计的风格与造型要与其他空间相协调，并且注意尽量消除狭长过道的单调感和幽暗感。

❶ 顶面设计

一般在走廊过道中会有很多梁与管线穿过，顶面设计的一大功能就是合理遮蔽梁架结构，隐藏管线，所以过道的顶面相对客厅和餐厅来说是一个转折的位置，要想过渡衔接得自然，就要避免突兀的造型。面积大些的住宅，可以根据走廊的具体形态做些层次设计，或是根据两旁空间的变化做些横向的节奏变化。

▶小户型的过道设计，基本以连续的平吊顶为主，增加空间的整体感

② 地面设计

过道的地面设计首先要遵循保持空间畅通的原则，尽量在顶面和立面上做文章，而简化地面造型设计，使地面保持平整，只是在色彩和图案上做些变化。过道的地面通常与外部空间有一定的视觉联系，材质上多用实木或者大理石、瓷砖等，如使用石料的拼花铺贴，要注意用收边线处理好与各个房门的关系与中轴对称关系，使得过道的空间保持一定的视觉完整性。

③ 立面设计

过道的立面设计最好不要做太大的造型，避免有压占空间的感觉，影响正常的行走。一般会采用连续的材质设计，使空间产生连贯性。根据过道与两边空间的具体形态，可适当做些小细节设计，比如嵌入式展示架，加上灯光设置，消除过道的沉闷感，增加空间趣味性。

▲ 过道的地面与相衔接的空间地面用材和造型尽量保持一致

▲ 过道尽头可采用对景的手法，在墙面设置挂画，或者地面放置艺术品，形成过道的空间与视觉节点

三、过道装饰设计

过道是流动量比较大但不会久留的地方，这里的装饰可以不用太贵重，但一定要简洁，最好能有与整体呼应的色彩和造型，有利于缓解视觉疲劳。

❶ 墙面装饰"缩短"过道

在设计室内过道的时候，要注重因墙制宜。可以将与过道相连接的墙面做成装饰墙，然后在上面添加一个层架，可以在上面摆放工艺品，使得整个过道显得不那么沉闷，更加有灵动感。另外，工艺品的选择还可以彰显业主的审美感知能力与独特的品位。在设计过道的时候，还可以在过道的尽头设置端景台，与墙面呈现出良好的装饰效果，让人忽略过道的狭长问题。

▲ 与过道相邻的墙面作为装饰墙，摆放一些精致的饰品，可以令过道有视觉中心点

▲ 过道利用鲜艳的色彩装饰令空旷乏味的小角落也成为一大亮点

❷ 玻璃墙面增加采光

　　很多户型的采光不是很好，这样会让房屋过道显得更加阴暗。在设计过道的时候，可以将墙面的材质换成玻璃墙，其中以暗花纹路的玻璃最好。既可以装饰空间，又可以使得整个过道显得更加亮堂，延伸了空间的视觉效果，可谓是一举两得。另外，还可以在对面墙上挂装饰品或摆放工艺品，使得房屋过道更显文雅气息。

▶玻璃是增加采光的好方法，令视觉得以延伸同时增补光线

❸ 弧形垭口活跃氛围

　　如果过道过窄，没办法在墙面做造型，就可以在吊顶的设计上下功夫。弧形的垭口或吊顶，便可以活跃空间单调的氛围，搭配色彩亮丽的挂画，解决了过道阴暗、狭窄的问题。

▲ 过道面积不大，在吊顶上加强设计，令人有曲径通幽的视觉效果

▲ 过道采光不佳，而且过于狭窄，采用红色系的挂画和弧形的拱门设计，给空间增添了一道风景

❹ 充分利用过道做收纳

　　"充分利用居室每一寸空间"，是家装的最高原则。不放过任何一个可利用的空间，包括过道。内嵌式的储物空间，不仅将过道充分利用，同时还彰显了主人的品位。

▲ 内嵌式的柜体设计，令过道更加多变

第十章
阳台设计

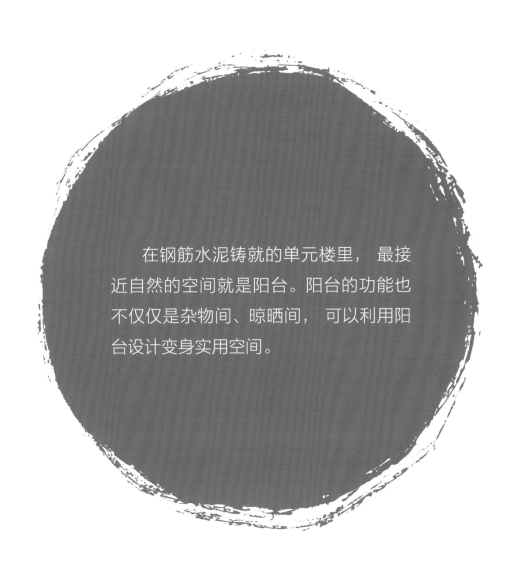

在钢筋水泥铸就的单元楼里，最接近自然的空间就是阳台。阳台的功能也不仅仅是杂物间、晾晒间，可以利用阳台设计变身实用空间。

第一节
阳台功能与类型

一、阳台的功能

　　阳台是一个住宅空间中唯一可以与外界的自然环境发生交流并获得直接的通风与采光的空间，也是室内空间向外的延伸，是将自然光和自然风引入室内的最佳途径，居住者通过这样的媒介实现居住的多种功能与需求。阳台首先要满足日常生活中的基本功能：洗衣晾晒、储物、清洁等，为家居生活提供完善的生活设施。

▲ 现代生活中对阳台的功能要求也越来越高，阳台设计还可以使居住者享受到良好的景观环境，以及提供更多休闲功能，使居住者的生活更为丰富多彩

二、阳台的结构分类

❶ 封闭式阳台

　　封闭式阳台由于全部封闭的效果，所以不用担心风吹雨淋的问题，所以在墙地顶材料的选择上，即使没有防水的功能也没有太大的问题。但由于三面墙都是封闭的状态，所以视觉上相对会有压抑感，因此可以适当减少墙面的装饰。

▶封闭式阳台顶面、墙面装饰可以减少，以免增添压抑感

❷ 半封闭式阳台

半封闭式的阳台护栏部分是砖混结构，上面没有封窗，阳台有顶面能够遮挡风雨。半封闭式的阳台在布置时要注意防水与排水的问题，由于光线能够直射室内，可以使用悬挂式的盆栽进行阻隔。

◀封闭式阳台顶面、墙面装饰可以减少，以免增添压抑感

❸ 开放式阳台

开放式的阳台一般指没有顶面的阳台，阳台环境完全暴露在室外环境中，使阳台环境有露台的氛围。开放式的阳台在夏天缺乏遮挡，容易导致环境太过炎热；冬天又难以保暖，尤其在风大时，植物容易遭受寒害，因此开放式的阳台可以选择少量的植物装饰，主要以休闲家具为布置重点。

▲ 开放式阳台要注意防水防晒以及排水的问题

第二节
阳台多功能设计

一、阳台的多功能设计形式

阳台并不仅仅是晾晒衣物的地方，它还可以有更多的形式与用途，在设计时可以根据居住者的喜好与需求，设计不同形式的阳台来满足多样的需求。

❶ 阳台休闲区

在阳台上摆放座椅、摇椅，或设计一个榻榻米，在上面铺上舒适的垫子，再加上各色灵动的抱枕，就可以变身为一个休闲区。闲时可以在此阅读、小憩，给生活在繁杂都市的人一个放松心灵的场所。

▶几盆清新的绿植与布艺懒人椅，组建出有氧的休闲区

❷ 阳台花园

想要一个私家花园的愿望难以实现，巧妙改变阳台，却可以轻松做到。地方太小，装不上假山，种不了大片花草，但是，用小木桩或石材围绕而成的超迷你小花园却也别有一番滋味。增添鹅卵石也可为小花园增色不少。

▶实木搭建的花台令阳台变身有氧花房

❸ 阳台洗衣房

如果卫生间够大，可以将洗衣机容纳，兼职当个洗衣房。可是如果卫生间太迷你，可以考虑放在阳台，洗完衣服还可以随手晾晒，令家务劳动更方便快捷。而且阳台的空气非常清新，洗衣服也不再枯燥、乏味。

▶阳台放置洗衣机和小型吊柜，令洗衣更方便

④ 儿童娱乐式阳台

　　为了让孩子有更多的娱乐空间，可以在阳台上设计一个秋千或者吊椅，或者将阳台进行隔断设计，改造成儿童娱乐房。这对于小户型的家庭来说，也是一个不错的选择。值得注意的是，在设计的时候，安全设施应相应的做好，杜绝出现安全隐患。

▶开放式的阳台拥有充足的光线，令儿童娱乐更舒适

⑤ 阳台餐厅

　　阳台可以不用墨守成规，小户型空间有限，完全可以将它变成一个完美的小餐厅。实木的餐桌椅是小阳台的不二选择，搭配多彩的饰品和星星点点的绿植点缀，令餐厅富有生机。

▶阳台光线较好，加上绿植的点缀，可以令就餐的心情更愉悦

⑥ 储物、收纳式的阳台

　　如果觉得有些大件放置在卧室和客厅不太美观的话，可以选择放置在阳台。把阳台打造成为一个专门的储物场所，不仅能够实现储物的功能，还能将此作为装饰，收纳东西，同时增加卧室和客厅的使用面积，也不失为一举多得的办法。

▶沿墙制作的收纳柜使住宅的收纳容量大大增加，但并不会占用过多的空间

二、不同功能阳台设计原则与要点

阳台的设计要根据住宅的户型特点、居住者的实际需求以及气候特点来具体做设计方案。

❶ 注重阳台的稳固性

因居室面积和个人喜好不同，阳台的改造、装修和布置也大不相同。在一些居住面积较小的家庭中，利用封装后的阳台作居室的情况较多。不少人把阳台改成儿童房或是厨房、餐厅、学习区。

▶挑出的阳台承重有限，不能搁置过于沉重的家具和物品，否则会影响建筑的稳固和居住安全

❷ 封闭阳台做保温层

阳台如果同房间相连，没有隔墙，则应在顶、地做保温层，以保证室内的温度。由于阳台地面低于室内，可将保温材料垫在木龙骨的上面或直接铺在阳台地面上，压实找平后进行饰面。

◀由于阳台的墙面很薄，为达到保温效果，可设计成柜体，厚度在35cm左右，这样不仅可以保温，同时可储存日常生活用品及书籍

❸ 开放式阳台地面设计时适当倾斜

开放式的阳台在遭遇暴雨时会大量进水，因此要做好阳台地面的防水和排水，在设计装修时要考虑将地面适当向地漏的方向微倾，保证水流能够流向排水口，同时也要定期清理地漏，保证排水通畅。

▶开放式阳台地面应防水、耐磨，同时设置排水口